Vergasung fester Brennstoffe

Stoffbilanz und Gleichgewicht

Eine Darstellung praktischer Berechnungsverfahren

Von

Dr.-Ing. Wilhelm Gumz
Columbus, Ohio

Mit 4 Abbildungen

Springer-Verlag Berlin Heidelberg GmbH

1952

ISBN 978-3-540-01630-4   ISBN 978-3-662-13369-9 (eBook)
DOI 10.1007/978-3-662-13369-9

Professor Dr.-Ing.

Rudolf Drawe

dem Pionier der Vergasungstechnik

zu seinem 75. Geburtstag

Vorwort.

Die Vergasungstechnik ist ein Zweig der angewandten physikalischen Chemie und ein geradezu ideales Beispiel der Nutzbarmachung der Thermodynamik für die Bedürfnisse des Praktikers. Rückblickend kann man feststellen, daß die Zusammenhänge, die sich aus den Stoffbilanzen, der Wärmebilanz und den Gleichgewichtsbedingungen mit zwingender Notwendigkeit ergeben, lange genug bekannt aber ungenutzt geblieben sind, wie überhaupt der wissenschaftliche Erfahrungsschatz oft nur allzu langsam seinen Weg in die technische Praxis findet.

Es ist grundsätzlich eine Aufgabe der Forschung, mit einem Mindestmaß an Mitteln und an Zeit ein Höchstmaß an Erkenntnissen und — soweit es sich um Zweckforschung handelt — an praktisch verwertbaren Ergebnissen zu erzielen. Die Erkenntnisse, die beispielsweise K. NEUMANN[1] aus einem umfangreichen Versuchsprogramm gewonnen hat, lassen sich mit unvergleichlich geringerem Aufwand an Zeit und Mitteln mit dem Rechenstift gewinnen. Der Einfluß von Druck, Temperatur, Vorwärmung, Wasserdampfzusatz, Sauerstoffverwendung, Gasrückführung und vieles mehr kann mit großer Genauigkeit und oft klarer durch Rechnung erfaßt werden als durch Versuche. Mit dem Aufleben der Vergasungstechnik als einem bedeutsamen Glied in der Kette der Kohlenverwertung und -Veredlung haben auch Theorie und Berechnung des Gaserzeugers neuen Auftrieb erhalten. An der Frage der Gleichgewichtseinstellung indessen schieden sich die Geister — auf der einen Seite stehen diejenigen, die eine Erreichung der Gasgleichgewichte im Generator verneinen und damit einer möglichen Vorausberechnung des Vergasungsvorganges den Boden entziehen — auf der anderen Seite stehen die, die diese Frage bejahen, und dieser Standpunkt wird hier vertreten, begründet und mit praktischen Beispielen belegt.

Die Arbeit verfolgt einen doppelten Zweck. Sie will dem Leser die Methoden der Vergasungsrechnung in einer leichtfaßlichen Form darbieten, indem eine Reihe von Möglichkeiten — darunter auch ganz neue Wege — ausführlich behandelt und durch Zahlenbeispiele erläutert werden. Darüber hinaus will sie — über den Weg der rechnerischen Beherrschung, den besten Maßstab für wirkliche Erkenntnis — ein tieferes

---

[1] VDI-Forschungsheft Nr. 140, 1913, Z. VDI Bd. 57 (1913), Nr. 8 u. 9, S. 291 bis 298, 338 bis 342.

Verständnis für das Wesen des Vergasungsvorganges wecken und damit einen Beitrag zur Weiterentwicklung der Vergasungstechnik liefern. Sie wendet sich damit nicht ausschließlich an Vergasungsfachleute, sondern grundsätzlich an alle, die nach Bindegliedern zwischen wissenschaftlicher Erkenntnis und praktischer Anwendung suchen. Es bedarf kaum eines Hinweises, daß das behandelte Gebiet den Feuerungstechniker, den Gasfachmann, den Eisenhüttenmann und besonders den Hochöfner, den Gießereifachmann, den Chemie-Ingenieur und viele andere, Praktiker wie Theoretiker, angeht, die ähnlichen Problemen gegenüberstehen, die mit gleichen Mitteln — mit einigen Abwandlungen in den Stoff- und Wärmebilanzen — gelöst werden können. Neu ist bei der hier gebotenen Darstellung die Berücksichtigung der Schwefelverbindungen im Gas und die Erkenntnis, daß die Schwefelverbindungen keineswegs vernachlässigbar sind, wenn ein wirklichkeitsgetreues Ergebnis erzielt werden soll. Die Mehrzahl der beschriebenen Methoden, soweit sie nicht erst jetzt aus der Taufe gehoben worden sind, haben durch ausgiebige praktische Anwendung ihre Bewährungsprobe bestanden und ihren letzten Schliff erhalten. Rechenökonomie ist ein Punkt von nicht zu unterschätzender Bedeutung bei der Lösung von Problemen so komplexer Natur wie die Gleichgewichte in Gasgemischen mit 11 oder mehr Bestandteilen.

Prof. Dr.-Ing. RUDOLF DRAWE und das von ihm geschaffene und geleitete Institut für technische Brennstoffverwertung an der Technischen Universität in Berlin-Charlottenburg hat in den vergangenen Jahren durch einschlägige Untersuchungen die Ausarbeitung und Vervollkommnung dieser Berechnungsverfahren wesentlich gefördert. In Anerkennung dieses Verdienstes ist ihm diese kleine Schrift gewidmet. Der Name Dr.-Ing. S. TRAUSTELs, des ehemaligen Assistenten und Dozenten an Prof. DRAWES Lehrstuhl und Institut, taucht im Zusammenhang mit der Mehrzahl der Methoden immer wieder in der Literatur wie auch in diesen Seiten auf. Durch seine Arbeiten und durch einen regen Gedankenaustausch mit ihm hat Dr. TRAUSTEL einen hervorragenden Anteil am Zustandekommen und am Inhalt dieser kleinen Schrift gehabt. Es ist dem Verfasser daher ein echtes Bedürfnis, den Herren Prof. Dr.-Ing. DRAWE und Dr.-Ing. habil. TRAUSTEL Dank und Anerkennung abzustatten.

Columbus (Ohio), Januar 1952.   **Wilhelm Gumz.**

Inhaltsverzeichnis.

Berichtigung.

S. 7: lies Gl. (28) $\dfrac{1}{P^{\Sigma \mathrm{n}}}$ statt $\dfrac{1}{P}$

lies Gl. (29) $= \dfrac{v_c^c \; v_d^d}{v_a^a \; v_b^b} \, P^{-\Sigma \mathrm{n}}$ $(P^{-\Sigma \mathrm{n}}$ fehlt)

S. 9: lies Ende der Gl. (39) K_w' statt K_w

S. 33, Zeile 15 von oben: lies $v_{\mathrm{CO}} + PK'_{p_B} v_{\mathrm{CO}}^2 + PK_{p_M} v_{H_2}^2$

(erstes Pluszeichen fehlt)

S. 68, Zeile 13 von oben: lies vorgeschlagen (e fehlt)

S. 70, Zeile 18 von oben: lies $K_{p_B} = 0{,}3409$ statt K'_{p_B}

S. 74, Zeile 14 von oben: lies $(1 - m) = 0{,}9107$ statt $(l - m)$

Gumz, Vergasung.

I. Einleitung.

Die Vergasungstechnik hat im Laufe der vergangenen Jahre durch die Erschließung neuer Anwendungsgebiete einen bedeutenden Aufschwung genommen. Die Ausweitung hat sich zunächst auf zwei Gebiete erstreckt:

1. die verstärkte Anwendung der Schwachgasbeheizung von Koksöfen zur Freimachung des Koksofengases für die Ferngasversorgung,

2. die Herstellung von Wassergas, Synthesegas und Wasserstoff für die Ammoniak-, Methanol-, Treibstoff- und Paraffin-Synthese und für Hydrierzwecke.

Hinzu kommt in naher Zukunft die Schwachgaserzeugung für den Gasturbinenantrieb, die den Vorteil reineren Gases hat gegenüber der unmittelbaren Verwendung fester Brennstoffe z. B. als Kohlenstaub, und ferner eine mögliche parallele Entwicklung der Kesselfeuerungen zur Generatorfeuerung, die die Leistungen steigert und leistungsbegrenzende Kesselverschmutzungen durch bessere Beherrschung der Umsätze der mineralischen Bestandteile der Kohle beim Verbrennungsvorgang weitgehend vermeidet. Eine vorübergehende Bedeutung hat die Kraftgaserzeugung im Fahrzeuggaserzeuger gewonnen.

Diese Entwicklung in der Anwendung der Vergasung als Prozeß der Brennstoffumwandlung hat mit eindringlicher Schärfe offenbart, daß unsere Methoden und Einrichtungen zur Vergasung vielfach technisch unzureichend und unwirtschaftlich sind, sei es, daß die Leistungen zu gering und der Investitionsaufwand zu hoch ist, oder daß die Bedienungskosten durch die Notwendigkeit eines Eingreifens von Hand und ungenügende Automatisierung zu sehr anwachsen, oder daß Verschleiß, Korrosion und ungeeignete Konstruktionen beträchtliche Unterhaltungs- und Reparaturkosten und häufige und lang andauernde Betriebsausfälle verursachen und eine hohe Reservehaltung notwendig machen. Diese Unzulänglichkeiten haben in zunehmendem Maße planende und konstruierende Ingenieure, Hersteller und Verbraucher, zur Entwicklung neuer Verfahren und neuer Gaserzeugerbauarten angeregt. Eine große Rolle spielt dabei auch der Wunsch, von den hochwertigen klassischen, aber kostspieligen Vergasungsbrennstoffen wie Brechkoks, Anthrazitnüsse und nicht- oder schwach-backende klassierte Kohlen wegzukommen und sie durch billigere Brennstoffe zu ersetzen.

Der Gaspreis wird sehr weitgehend vom Brennstoffpreis bestimmt. Die wirtschaftlichen Forderungen lassen sich daher leicht zu folgendem Idealbild zusammenfassen: Der Gaserzeuger soll den billigsten Brennstoff, ohne Anforderung an Sonderqualitäten, in einer möglichst einfachen und nicht störanfälligen Apparatur mit höchstem Wirkungsgrad und möglichst hohen spezifischen Durchsatzleistungen vergasen. Die Durchführung dieser Forderungen ist selbstverständlich sehr schwer, und in vielen Fällen wird man sich mit Kompromißlösungen begnügen müssen. Es gibt Anwendungsfälle — z. B. Kleingaserzeuger — wo ein dem Gaserzeuger angepaßter Sonderbrennstoff trotz erheblich höheren Preises das wirtschaftlichste Gesamtergebnis erbringt, da er den störungsfreien Betrieb überhaupt erst ermöglicht, und da die geringe Betriebsstundenzahl und die geringe Durchsatzleistung den Einfluß des Brennstoffpreises etwas in den Hintergrund drängt.

In der Entwicklung, im Bau und im Betrieb von Gaserzeugern begegnen wir im wesentlichen vier Problemen:

1. die Gasbeschaffenheit und ihre Abhängigkeit vom Brennstoff, von der Zusammensetzung und der Temperatur des Vergasungsmittels, von den Arbeitsbedingungen wie Druck, Belastung, Wärmeverluste und dem angewendeten Vergasungsverfahren,

2. die Beschaffenheit des Brennstoffbettes, insbesondere der Einfluß des Backens, und die Einwirkung auf Brennstoffbewegung, Strömungswiderstand, Porosität und Homogenität des Bettes und Staubbildung,

3. die Art und das Verhalten der mineralischen Bestandteile des Brennstoffs, die Schlackenbildung und ihre Beherrschung nach Konsistenz, Stückgröße, die Vollständigkeit des Ausbrandes und die Entfernung der Rückstände in festem oder flüssigem Zustand,

4. die Reinigung des erzeugten Gases von mitgeführtem Staub, Teer, Teernebeln, Schwefelverbindungen und etwaigen sonstigen unerwünschten oder für den Verbrauchszweck schädlichen Bestandteilen.

Die erste Gruppe von Problemen soll uns im folgenden beschäftigen. Sie ist sehr weitgehend der Rechnung zugänglich; alle damit zusammenhängenden Probleme können daher ohne den Aufwand kostspieliger und zeitraubender Versuche gelöst werden. Das bedeutet eine große Hilfe in der Beurteilung neuer Verfahren oder ungewöhnlicher Betriebszustände, in der Bewertung betrieblicher Maßnahmen, in der laufenden Betriebsüberwachung und in der Auswertung von Versuchen. Die technischen und wirtschaftlichen Möglichkeiten und die Bestimmung optimaler Betriebsbedingungen lassen sich — abgesehen von den unter 2. bis 4. aufgezählten Problemen des Backens, des Verschlackens und der Reinigung — weitgehend rechnerisch vorausbestimmen. Es muß hervorgehoben werden, daß in vieler Beziehung die Rechnung eine klarere Antwort zu geben vermag als der Versuch, insofern als im Versuch die Veränderung einer einzigen Abhängigen und die Konstanthaltung aller übrigen Betriebsbedingungen über längere Zeit oft praktisch unmöglich ist, was die Auslegung von Versuchsergebnissen oft unsicher macht oder zumindest erschwert. Als Beispiel sei erwähnt, daß die Konstanthaltung und die genaue Messung der Sättigung des Gebläsewindes sehr schwierig ist, und daß die Gasanalyse und die rückwärtige Errechnung des Wassergehaltes des Gebläsewindes wesentlich sicherere Werte ergibt und zur Aufklärung von Verlustquellen beitragen kann. Ein anderes Beispiel bilden die Wärmeverluste der Reaktionszonen nach außen, deren direkte Messung umständlich ist, während der Gaserzeuger selbst als chemisches Kalorimeter dienen kann und die Wärmeverluste als Differenz der ein- und ausgebrachten Wärmemengen mißt.

Die übrigen Gruppen, besonders die Auswirkung der Backfähigkeit und des Ascheverhaltens auf den physikalischen Ablauf des Vergasungsvorganges, sind weiterhin Sache des Experimentators, obwohl auch dabei die Rechnung eine gewisse Hilfsstellung leisten kann.

II. Grundsätzliches zur Berechnung von Vergasungsvorgängen.

Unter Vergasung verstehen wir den Umsatz eines festen Brennstoffs mit einem Sauerstoff oder Wasserdampf enthaltenden Vergasungsmittel unter Erzeugung eines brennbaren Gases. Diese Reaktionen spielen sich im allgemeinen in zwei Zonen ab, der Oxydations- oder Verbrennungszone, in welcher sich der Sauerstoff des Vergasungsmittels mit dem Kohlenstoff des Brennstoffs unter Erzeugung hoher Temperaturen zu Kohlensäure verbindet, während anschließend die Kohlensäure und der Wasserdampf mit dem im Überschuß vorhandenen Kohlenstoff unter Wärmeverbrauch reagiert und dabei Kohlenmonoxyd und Wasserstoff, die Hauptbestandteile des Generatorgases, erzeugt. Daneben kann in dieser Vergasungs- oder Reduktionszone aus der Reaktion des Wasserstoffs mit Kohlenstoff, mit Kohlenoxyd oder Kohlensäure auch Methan entstehen. Bei einigen Vergasungsverfahren wird an Stelle der örtlichen Überlagerung von Verbrennungs- und Vergasungszone eine zeitlich abwechselnde Verbrennung (mit Luft) und Vergasung (mit Wasserdampf) vorgenommen, so beim Wassergasprozeß mit Wechselbetrieb (Blasen und Gasen), bei dem die notwendige Reaktionswärme im Brennstoffbett gespeichert wird. Bei anderen, kontinuierlichen Wassergasverfahren kann die Reaktionswärme durch im Überschuß zirkulierendes Gas (Wälzgas), durch Außenbeheizung oder durch elektrische Energie zugeführt werden.

Die Vergasungsvorgänge lassen sich mit drei Reaktionsgleichungen vollständig beschreiben, die BOUDOUARD sche oder Generatorgasreaktion

$$C + CO_2 + 38\,200 \text{ kcal/kmol} = 2\,CO \qquad (1)$$

die heterogene Wassergasreaktion

$$C + H_2O + 28\,200 \text{ kcal/kmol} = CO + H_2 \tag{2}$$

und die Methanbildungsreaktion

$$C + 2\,H_2 - 21\,100 \text{ kcal/kmol} = CH_4 \,. \tag{3}$$

Gleichung (1) sagt aus, daß 1 Mol[1] (= 12,01 kg) Kohlenstoff mit einem Mol (22,4 Nm³) Kohlensäure bei Zufuhr von 38 200 kcal/kmol isotherm, also bei gleichbleibender Temperatur, reagiert und dabei 2 Mol (2 × 22,4 Nm³) Kohlenmonoxyd erzeugt. Man bezeichnet Reaktionen, denen Wärme von außen zugeführt werden muß, um die Temperatur des reagierenden Systems konstant zu halten, als endotherme (wärmeverbrauchende) Reaktionen. Dieser Wärmebedarf muß im Falle des Gaserzeugers von dem Gas aus der Oxydationszone als fühlbare Wärme mitgebracht werden, wo sie durch die exotherme (wärmeerzeugende) Verbrennungsreaktion

$$C + O_2 - 97\,000 \text{ kcal/kmol} = CO_2 \tag{4}$$

erzeugt wird. Die Methanbildung nach Gl. (3) ist eine schwach exotherme Reaktion.

Die Berechnung eines Vergasungsvorganges, bei der wir uns zunächst nur dem Enderzeugnis zuwenden und die Kinetik des Vorganges selbst außer Betracht lassen, stützt sich auf einfache Grundtatsachen des chemischen Umsatzes, auf 1. die Stoffbilanzen der beteiligten Elemente und 2. auf die Gleichgewichte der ablaufenden Reaktionen.

1. Die Stoffbilanzen.

Die Menge an Kohlenstoff, Wasserstoff, Sauerstoff, Stickstoff und Schwefel, die wir dem System in Form von Brennstoff und Vergasungsmittel (Wind, Dampf, Dampf-Luft-Gemisch) zuführen, muß sich, wenn auch in gewandelter Form, im erzeugten Gas oder in den Rückständen wiederfinden. In allen folgenden Berechnungen betrachten wir nur den wirklich vergasten Brennstoff, d. h. wir vernachlässigen den Anteil an Kohlenstoff (und gegebenenfalls anderen Elementen) in den Rückständen, die gleich von der Brennstoffanalyse abgesetzt gedacht werden können.

Betrachten wir ein Gas mit den Bestandteilen CO, CO_2, H_2, H_2O, CH_4, H_2S und N_2 und bezeichnet B die Brennstoffmenge in kg je Nm³ erzeugtes Gas, M das Vergasungsmittel in Nm³ je Nm³ erzeugtes Gas, so können wir in einfacher Weise die Stoffbilanzen der einzelnen Ele-

---

[1] In technischen Rechnungen pflegt man stets mit dem Kilomol (kmol) zu rechnen. Das Molvolumen nehmen wir im folgenden als konstant an, die kleinen Abweichungen des realen Molvolumens werden vernachlässigt.

mente anschreiben, nur benötigen wir ein einheitliches Maß für feste und gasförmige Bestandteile. Wir wählen dafür das Mol und dividieren dann beide Seiten der molaren Bilanzgleichung durch das Molvolumen, um 1 Nm³ erzeugtes Gas als zweckmäßige Bezugsgröße zu erhalten[1]. Bezeichnen wir die Kohlenstoffträger im Brennstoff, im Vergasungsmittel und im Gas mit C_B, C_M, C_G, entsprechend die Wasserstoff-, Sauerstoff-, Schwefel- und Stickstoffträger mit H_B, H_M, H_G, O_B O_M, O_G, S_B, S_M, S_G, N_B, N_M, N_G, so lautet die Kohlenstoffbilanz

$$B C_B + M C_M = C_G = v_{CO} + v_{CO_2} + v_{CH_4} \tag{5}$$

die Wasserstoffbilanz

$$B H_B + M H_M = H_G = v_{H_2} + v_{H_2O} + 2 v_{CH_4} + v_{H_2S} \tag{6}$$

die Sauerstoffbilanz

$$B O_B + M O_M = O_G = 0{,}5\, v_{CO} + v_{CO_2} + 0{,}5\, v_{H_2O} \tag{7}$$

die Schwefelbilanz

$$B S_B + M S_M = S_G = v_{H_2S} \tag{8}$$

die Stickstoffbilanz

$$B N_B + M N_M = N_G = v_{N_2} \tag{9}$$

mit

$$C_B = \frac{22{,}416}{12{,}01} \cdot c = 1{,}8664\, c \tag{10}$$

$$H_B = \frac{22{,}416}{2{,}016} \cdot h + \left[\frac{22{,}416}{18{,}016} \cdot w\right]^* = 11{,}121\, h + [1{,}244\, w]^* \tag{11}$$

$$O_B = \frac{22.416}{32{,}000} \cdot o + \left[\frac{22{,}416}{36{,}032} \cdot w\right]^* = 0{,}7005\, o + [0{,}6221\, w]^* \tag{12}$$

$$S_B = \frac{22{,}416}{32{,}06} \cdot s = 0{,}69919\, s \tag{13}$$

$$N_B = \frac{22{,}416}{28{,}016} \cdot n = 0{,}8001\, n \tag{14}$$

c, h, o, s, n bezeichnen den Kohlenstoff-, Wasserstoff-, Sauerstoff-, Schwefel- und Stickstoffgehalt des in die Vergasungszone gelangenden Brennstoffs[2] in Gewichtsprozent.

Im Vergasungsmittel haben wir

$$C_M = v'_{CO} + v'_{CO_2} + m\, v'_{C_m H_n} \tag{15}$$

---

[1] Gelegentlich werden wir auch direkt von der molaren Betrachtungsweise Gebrauch machen – vgl. S. 47—49 –, also die Umrechnung auf 1 Nm³ erzeugtes Gas unterlassen.

* Klammerwert bei Gleichstrom-Vergasung zu berücksichtigen.

[2] Also ohne die bei Gegenstrom-Vergasung in der Vorwärmzone ausgetriebenen flüchtigen Bestandteile, die gesondert zu berücksichtigen sind, aber nicht am eigentlichen Vergasungsvorgang teilnehmen.

(Gewöhnlich ist $C_M = O$, außer bei Rückführung oder Einführung brennbarer Gase oder der Vergasung mit Kohlensäure oder Abgaszusatz.)

$$H_M = v'_{H_2} + v'_{H_2O} + v'_{H_2S} + \frac{n}{2} v'_{C_m H_n} \tag{16}$$

$$O_M = v'_{O_2} + 0{,}5\, v'_{H_2O} + 0{,}5\, v'_{CO} + v'_{CO_2} + v'_{SO_2} \tag{17}$$

$$S_M = v'_{SO_2} [+ v'_{H_2S} + v'_{COS} + 2v'_{CS_2} + 2v'_{S_2}] \tag{18}$$

(Gewöhnlich ist $S_M = O$, es gibt indessen Fälle, wo SO_2-haltige Abgase oder reines SO_2 in Gaserzeuger eingeführt werden — s. S. 68 — die übrigen Bestandteile, in eckigen Klammern, kommen meist nicht vor.)

$$N_M = v'_{N_2} \tag{19}$$

v' bezeichnet also die Zusammensetzung des Vergasungsmittels in Volum-Prozent, wobei in der Regel im Gaserzeugerbetrieb eine Reihe der hier aufgezählten Bestandteile nicht vorkommt. M ist meist ein Gemisch aus v'_{O_2}, v'_{N_2} und v'_{H_2O}, also

$$O_M = v'_{O_2} + 0{,}5\, v'_{H_2O}; \qquad H_M = v'_{H_2O}; \qquad N_M = v'_{N_2} \tag{20—22}$$

Wählt man als Bezugseinheit 1 Nm³ des Vergasungsmittels, so sind beide Seiten der Bilanzgleichungen durch M zu dividieren, wobei wir B/M mit F bezeichnen wollen. Es wird dann

$$F\, C_B + C_M = \frac{1}{M} (v_{CO} + v_{CO_2} + v_{CH_4}) = V_{CO} + V_{CO_2} + V_{CH_4} \tag{23}$$

wobei $v = V/\sum V$ ohne Kenntnis von M gewonnen werden kann, wenn alle Gasbestandteile bekannt sind. In dieser zweiten Form besagen die Stoffbilanzen, daß F kg Brennstoff je Nm³ Vergasungsmittel V Nm³ Gas (nicht Volum-Prozent) liefern.

2. Massenwirkungsgesetz und Gleichgewicht.

Reagieren a Mol des Stoffes A mit b Mol des Stoffes B und bilden dabei c Mol des Stoffes C und d Mol des Stoffes D,

$$aA + bB = cC + dD \tag{24}$$

so ist die Geschwindigkeit der Reaktion von links nach rechts proportional der Molzahl der anwesenden Stoffe, also

$$v_1 = k_1 A^a B^b \tag{25}$$

und für die Reaktion von rechts nach links

$$v_2 = k_2 C^c D^d \tag{26}$$

k_1 und k_2 sind konstante Faktoren (< 1). Wird $v_1 = v_2$, so ist ein „Gleichgewicht" in der Reaktion von links nach rechts und derjenigen von rechts nach links erreicht, und wir können angeben, welche Konzentrationen der Stoffe A, B, C, D diesem Gleichgewichtszustand entsprechen. Es ist

$$k_1 A^a B^b = k_2 C^c D^d \tag{27}$$

oder

$$K = \frac{k_1}{k_2} = \frac{C^c D^d}{A^a B^b} \frac{1}{P} \tag{28}$$

Man bezeichnet die rechte Seite der Gl. (28) als den Massenwirkungsquotienten, K als die Gleichgewichtskonstante. Drücken wir die beteiligten Stoffe nicht in ihrer molaren Konzentration, sondern durch ihre Teildrücke p oder durch Volumprozente $v = p/P$ aus, wobei P den Gesamtdruck des reagierenden Systems bedeutet, so ist

$$K_p = \frac{p_c^c p_d^d}{p_a^a p_b^b} = \frac{v_c^c v_d^d}{v_a^a v_b^b} \tag{29}$$

Die homogene Wassergasreaktion, z. B.

$$CO_2 + H_2 = CO + H_2O \tag{30}$$

hat die Gleichgewichtskonstante[1]

$$K_W = \frac{p_{CO}\, p_{H_2O}}{p_{CO_2}\, p_{H_2}} = \frac{v_{CO}\, v_{H_2O}}{v_{CO_2}\, v_{H_2}} \tag{31}$$

Der Gesamtdruck P konnte in diesem Falle weggekürzt werden, das bedeutet, daß diese Gleichgewichtskonstante druckunabhängig ist. Diese Feststellung gilt streng genommen nur für ideale Gase, doch setzen wir hier ideales Verhalten aller Gase voraus.

Haben wir eine feste Phase vorliegen, z. B. Kohlenstoff, so wird seine Konzentration nicht mitberücksichtigt, da der Dampfdruck bei einer gegebenen Temperatur konstant ist, in die Gleichgewichtskonstante mit eingeht und folglich das Gleichgewicht selbst nicht beeinflußt[2]. Für die Generatorgasreaktion

$$C + CO_2 \rightleftharpoons 2\,CO$$

ist

$$K_{p_B} = \frac{p_{CO}^2}{p_{CO_2}} = \frac{v_{CO}^2 P}{v_{CO_2}} \tag{32}$$

---

[1] Da man jede Reaktionsgleichung von zwei Seiten betrachten kann, mache man es zur Regel, die rechte Seite über, die linke Seite unter den Bruchstrich der Gleichgewichtskonstanten zu schreiben. Wir wollen eine Gleichgewichtskonstante für die umgekehrte Reaktion hier mit K' bezeichnen, es ist also $K' = 1/K$.

[2] Vgl. z. B. ULICH, HERMANN, Kurzes Lehrbuch der physikalischen Chemie. Dresden u. Leipzig 1938, Th. Steinkopff. – HOLLECK, LUDWIG, Physikalische Chemie und ihre rechnerische Anwendung – Thermodynamik. Berlin: Springer 1950.

oder von rechts nach links gelesen

$$K'_{p_B} = \frac{p_{CO_2}}{p^2_{CO}} = \frac{v_{CO_2}}{v^2_{CO}} \cdot \frac{1}{P} \tag{33}$$

und für die heterogene Wassergasreaktion

$$C + H_2O \rightleftharpoons CO + H_2$$

$$K_{p_W} = \frac{p_{CO}\,p_{H_2}}{p_{H_2O}} = \frac{v_{CO}\,v_{H_2}\,P}{v_{H_2O}} \tag{34}$$

$$K'_{p_W} = \frac{v_{H_2O}}{v_{CO}\,v_{H_2}\,P} \tag{35}$$

Diese beiden Reaktionen sind also druckabhängig, daher erscheint ein P über bzw. unter dem Bruchstrich. Der Massenwirkungsquotient, ausgedrückt in Volumprozent ist für Gl. (35)

$$\frac{v_{H_2O}}{v_{CO}\,v_{H_2}} = P\,K'_{p_W} \tag{36}$$

Das BRAUN-LE CHATELIERsche ,,Prinzip des kleinsten Zwanges'', welches besagt, daß ein chemisches System im Gleichgewicht jeder Änderung von außen entgegenzuwirken strebt, läßt erkennen, daß die Anwendung erhöhten Druckes z. B. zur Folge hat, daß $v_{CO}\,v_{H_2}$ kleiner und v_{H_2O} größer wird. Das Gleichgewicht verschiebt sich nach der Seite der kleineren Molzahl. Die Methanbildung nach

$$C + 2H_2 = CH_4$$

$$2\,Mol\quad 1\,Mol$$

hat die Gleichgewichtskonstante

$$K_{p_M} = \frac{p_{CH_4}}{p^2_{H_2}} = \frac{v_{CH_4}}{v^2_{H_2}\,P} \tag{37}$$

und verschiebt sich unter Druck in Richtung auf stärkere Methanbildung und Rückgang der Wasserstoffkonzentration. Die homogene Methanbildung nach

$$CO + 3H_2 = CH_4 + H_2O$$

$$1\,Mol + 3\,Mol = 1\,Mol + 1\,Mol$$

mit

$$K_p = \frac{p_{CH_4}\,p_{H_2O}}{p_{CO}\,p^3_{H_2}} = \frac{v_{CH_4}\,v_{H_2O}}{v_{CO}\,v^3_{H_2}\,P^2} \tag{38}$$

verschiebt sich bei Druckanwendung kräftig in Richtung der Reaktion von links (4 Mol) nach rechts (2 Mol).

Durch Kombination der Gleichgewichtskonstanten lassen sich neue Gleichgewichtskonstanten gewinnen, so daß mit einer gegebenen Anzahl von numerisch bekannten Gleichgewichtskonstanten weitere Konstanten bestimmt werden können. Damit kann zugleich gezeigt werden, daß solche Reaktionen nicht unabhängig voneinander sind. Aus

$$K_{p_W} K'_{p_B} = \frac{p_{CO}\, p_{H_2}}{p_{H_2O}} \cdot \frac{p_{CO_2}}{p_{CO}^2} = \frac{p_{H_2}\, p_{CO_2}}{p_{H_2O}\, p_{CO}} = K_W \tag{39}$$

erhält man die Konstante der homogenen Wassergasreaktion. Nur zwei (beliebige) Konstanten dieser drei Reaktionen brauchen bekannt zu sein, um die dritte zu bestimmen.

K_p nach Gl. (38) kann man sich entstanden denken aus $K_{p_M} \cdot K'_{p_W}$. Ferner gibt

$$K_{p_M} K'_{p_B} = \frac{p_{CH_4}\, p_{CO_2}}{p_{H_2}^2\, p_{CO}^2} \tag{40}$$

die Gleichgewichtskonstante der Reaktion

$$2\,H_2 + 2\,CO = CH_4 + CO_2$$

oder

$$K_{p_M} K'_{p_W} K_W = \frac{p_{CH_4}}{p_{H_2}^2} \cdot \frac{p_{H_2O}}{p_{CO}\, p_{H_2}} \cdot \frac{p_{CO}\, p_{H_2O}}{p_{CO_2}\, p_{H_2}} = \frac{p_{CH_4}\, p_{H_2O}^2}{p_{CO_2}\, p_{H_2}^4} \tag{41}$$

die Gleichgewichtskonstante der Reaktion

$$CO_2 + 4\,H_2 = CH_4 + 2\,H_2O$$

Einen so leicht verdampfenden Stoff wie Schwefel können wir als ein Gas behandeln, d. h. es geht fester Schwefel in gasförmigen, zweiwertigen Schwefeldampf über

$$2\,S_{(s)} = S_{2\,(g)} \tag{42}$$

Wir bilden das Gleichgewicht der Reaktionen

$$\tfrac{1}{2}\,S_2 + H_2 = H_2S$$

$$K_{p_{H_2S}} = \frac{p_{H_2S}}{p_{S_2}^{1/2}\, p_{H_2}} = \frac{v_{H_2S}}{v_{S_2}^{1/2}\, v_{H_2}}\, P^{1/2} \tag{43}$$

und

$$\tfrac{1}{2}\,S_2 + CO = COS$$

$$K_{p_{COS}} = \frac{p_{COS}}{p_{S_2}^{1/2}\, p_{CO}} = \frac{v_{COS}}{v_{S_2}^{1/2}\, v_{CO}}\, P^{1/2} \tag{44}$$

Diese beiden Reaktionen kombiniert geben

$$K^*_{COS} = K_{p_{COS}} / K_{p_{H_2S}} = \frac{v_{COS}\, v_{H_2}}{v_{CO}\, v_{H_2S}} \tag{45}$$

für die homogene, druckunabhängige Reaktion

$$CO + H_2S = COS + H_2$$

Ferner ist

$$S_2 + C = CS_2; \qquad K_{CS_2} = \frac{p_{CS_2}}{p_{S_2}} = \frac{v_{CS_2}}{v_{S_2}} \tag{46}$$

und aus der Beziehung

$$K^*_{p_{S_2}} = 1/K^2_{p_{H_2S}} = \frac{p_{S_2}\,p^2_{H_2}}{p^2_{H_2S}} = \frac{v_{S_2}\,v^2_{H_2}\,P}{v^2_{H_2S}} \tag{47}$$

ergibt sich das Bildungsgesetz für zweimolekularen Schwefeldampf durch H_2S-Dissoziation.

$$2\,H_2S = S_2 + 2\,H_2$$

Endlich schreiben wir noch die von FERGUSON[1] untersuchte Reaktion zwischen CO und SO_2 an

$$2\,CO + SO_2 = 2\,CO_2 + \tfrac{1}{2}\,S_2$$

$$K_{p\,\text{Ferg.}} = \frac{p^2_{CO_2}\,p^{1/2}_{S_2}}{p^2_{CO}\,p_{SO_2}} \tag{48}$$

die uns durch Kombination mit K'_{p_B} und $K_{p_{H_2S}}$ eine einfache und druckunabhängige Beziehung zwischen H_2, SO_2, H_2S und CO_2 liefert

$$K_{SO_2} = K'_{p_{H_2S}}\,K'_{p_B}\,K'_{p\,\text{Ferg.}} = \frac{p^{1/2}_{S_2}\,p_{H_2}\,p_{CO_2}\,p^2_{CO}\,p_{SO_2}}{p_{H_2S}\,p^2_{CO}\,p^2_{CO_2}\,p^{1/2}_{S_2}} = \frac{p_{H_2}\,p_{SO_2}}{p_{H_2S}\,p_{CO_2}} \tag{49}$$

entsprechend der Reaktion

$$H_2S + CO_2 = H_2 + SO_2 + C$$

Die Gleichgewichtskonstanten können aus thermodynamischen Daten abgeleitet werden, ihre Kenntnis und ihre Genauigkeit beruht daher im wesentlichen auf den Werten der Enthalpie, der Entropie und der freien Energie. Da diese Werte für die meisten hier in Frage kommenden Gase auf Grund spektroskopischer Daten sehr genau bekannt sind, können die Gleichgewichtskonstanten der Hauptvergasungsreaktionen als sehr verläßlich angesehen werden.

Dies ist nicht in gleichem Maße für die Schwefel- und Stickstoffverbindungen der Fall, und bei einigen der allerdings weniger wichtigen Verbindungen sind nur Näherungswerte bekannt, die möglicherweise in Zukunft noch gewisse Verbesserungen zulassen. Unsere aus den

---

[1] FERGUSON, J. B.: The equilibrium between carbon monoxide, carbon dioxide, sulfur dioxide, and free sulfur. J. Am. Chem. Soc. Bd. 40 (1918), Nr. 11, S. 1626 bis 1644.

Rechnungen gewonnenen praktischen Schlußfolgerungen werden davon jedoch kaum berührt.

Aus der Beziehung

$$- R\,T \ln K_p = \varDelta\,\mathrm{H}_0 - T\,S = \varDelta\,F_0 \qquad (50)$$

ergibt sich der Zusammenhang zwischen Gleichgewichtskonstante und den thermodynamischen Größen. Darin ist R die universelle Gaskonstante ($= 1{,}986$ kcal/Grad kMol), $\varDelta H_0$ die Enthalpie, S die Entropie, die beide als (mehr oder weniger verwickelte) Temperaturfunktionen dargestellt werden können und $\varDelta F_0$ die freie Enthalpie (,,maximale Arbeit''). Durch Auflösung nach ln K_p und Übergang auf BRIGGS'schen Logarithmen (Faktor: $2{,}302585 \cdot R = 4{,}57293$) findet man

$$\log K_p = - \frac{\varDelta F_0}{4{,}57293\,T} \qquad (51)$$

oder in erster Annäherung Gleichungen der allgemeinen Form

$$\log K_p = \frac{A}{T} - B \qquad (52)$$

oder, soweit Enthalpie und Entropie genauer bekannt sind,

$$\log K_p = \frac{A}{T} + B\,T + C\,T^2 + D \log T + \mathrm{const} \qquad (53)$$

Verschiedene Verfahren der näherungsweisen Bestimmung von Gleichgewichtskonstanten sind in der physikalisch-chemischen Literatur angegeben[1].

Die Gleichgewichtskonstanten der BOUDOUARDschen Reaktion, der Wassergasreaktionen und der Methanbildung stützen sich auf eine zusammenfassende Arbeit des U. S. Bureau of Standards[2]. Zur bequemeren Bildung beliebiger Zwischenwerte, die sich gut in den Rahmen dieser Tafelwerte einfügen, sind die Gleichgewichtskonstanten in empirische

---

[1] ULICH, H.: Näherungsformeln zur Berechnung von Reaktionsarbeiten und Gleichgewichten aus thermodynamischen Daten. Z. Elektrochem. Bd. 45 (1937), Nr. 7, S. 521 bis 533. — FUCHS, O. u. K. RINN: Die Berechnung von Gleichgewichten in der Gasphase aus thermischen Daten. Angew. Chemie Bd. 50 (1937), Nr. 34, S. 708 bis 712. — SCHWARZ, CARL: Die spezifischen Wärmen der Gase als Hilfswerte zur Berechnung von Gleichgewichten. Arch. Eisenhüttenwes. Bd. 9 (1936), Nr. 8, S. 389 bis 396. — HOLLECK, L.: a. a. O. s. Fußnote 2, S. 7. — EUCKEN, A. u. M. JAKOB: Der Chemie-Ingenieur, Bd. 3, Teil 1, Leipzig 1937. — HOUGEN, OLAF A. u. KENNETH M. WATSON: Chemical Process Principles. Teil 2. New York 1947.

[2] WAGMAN, DONALD D., JOHN E. KILPATRICK, WILLIAM J. TAYLOR, KENNETH S. PITZER u. FREDERICK D. ROSSINI: Heats, free energies, and equilibrium constants of some reactions involving O_2, H_2, H_2O, C, CO, CO_2, and CH_4. J. Research Bur. Standards, Bd. 34 (1945), S. 143 bis 161.

Gleichungen von der Form der Gl. (53) gebracht worden[1]. Diese Gleichungen sind im Formelanhang S. 90 ff mitgeteilt und die Ergebnisse in Zahlentafel S. 95—97 des Anhanges tabelliert.

Die Schwefelwasserstoffbildungsreaktion aus ihren Elementen ist von Lewis und Randall[2] angegeben worden, und die Kohlenoxysulfid- und Schwefelkohlenstoffbildung sind auf Grund der freien Enthalpiewerte von Cross[3] berechnet worden[4]. Für alle übrigen Reaktionen, an denen Schwefelverbindungen beteiligt sind, lassen sich die Gleichgewichtskonstanten aus diesen Reaktionen, einschließlich der vorher erwähnten Fergusonschen Reaktion, durch geeignete Kombinationen gewinnen, wie im Anhang gezeigt ist.

Von den Stickstoff-Wasserstoffreaktionen ist besonders die Ammoniakbildung wegen ihrer praktischen Bedeutung für die Ammoniaksynthese genau untersucht worden. Die daraus abgeleitete Gleichung für mittlere und hohe Drucke nach Larson und Mitarbeitern[5] ist S. 92 wiedergegeben. Durch Extrapolation auf 1 Atm. erhält man die für Vergasungsvorgänge bei gewöhnlichem Druck zu verwendenden Werte. Cyanwasserstoff (HCN) und Cyan (C_2N_2) s. S. 60 und 93.

Stoffbilanzen und Massenwirkungsgesetz (Gleichgewichtsbedingungen) liefern somit ein System von Gleichungen, dessen Lösung (s. Kapitel IV) eine Gaszusammensetzung ergibt, die gleichzeitig den beiden Bedingungen genügt, daß die Gasbestandteile unter sich im Gleichgewicht stehen, und daß alle Stoffbilanzen erfüllt sind. Die dabei in das Gleichungssystem eingehenden Gleichgewichtskonstanten sind temperatur-

---

[1] Gumz, Wilhelm: Gas Producers and Blast Furnaces. New York 1950, J. Wiley & Sons, Inc., S. 22 bis 25.

[2] Lewis, Gilbert Newton u. Merle Randall: Thermodynamics and the Free Energy of Chemical Substances. New York 1923, McGraw-Hill — Deutsche Ausgabe von Otto Redlich. Wien: Springer 1927.

[3] Cross, Paul C.: Thermodynamic properties of sulfur compounds. I. Hydrogen sulfide, diatomic sulfur, and the dissociation of hydrogen sulfide. II. Sulfur dioxide, carbon disulfide, and carbonyl sulfide. J. Chem. Phys. Bd. 3 (1935), Nr. 3, S. 168 bis 169, Nr. 12, S. 825 bis 827.

[4] Da die Tabelle von Cross für die Reaktion $CO + \frac{1}{2}S_2 = COS$ bei 1500° K einen Fehler enthält, wurde die Gleichung über die Reaktion $CO_2 + H_2S = COS + H_2O$ geprüft. Für diese Reaktion gilt

$$\log K = -1586{,}41/T + 0{,}11729 \, .$$

Durch Kombination mit K'_W erhält man K^*_{COS} und durch weitere Kombination mit $K_{p_{H_2S}}$ schließlich $K_{p_{COS}}$; das so gefundene Ergebnis stimmt gut mit den übrigen Punkten der Crossschen Tabelle überein.

[5] Larson, A. T. u. R. L. Dodge: The ammonia equilibrium. J. Am. Chem. Soc. Bd. 45 (1923), S. 2918 bis 2929. — Larson, Alfred T.: The ammonia equilibrium at high pressures. J. Am. Chem. Soc. Bd. 46 (1924), S. 370 bis 372.

abhängig und zum Teil auch druckabhängig, die Lösung gilt nur für die betreffende Temperatur und den der Berechnung zugrundegelegten Gesamtdruck des Systems.

3. Wärmebilanz.

Eine weitere Forderung, die wir an die Lösung unseres Gleichungssystems stellen müssen, ist die Erfüllung der Wärmebilanz, d. h. es muß die dem System (den Reaktionszonen des Gaserzeugers) in Form von Brennstoff und Vergasungsmittel zugeführte chemisch gebundene und fühlbare Wärme gleich der aus dem System abgeführten Wärme sein. Die abgeführte Wärme besteht aus der chemisch gebundenen Wärme (Heizwert) und der fühlbaren Wärme (Enthalpie) des erzeugten Gases beim Verlassen der Reduktionszone sowie den Wärmeverlusten nach außen. Etwaige Kohlenstoffverluste in den Rückständen, im Staub, Teer usw. berücksichtigen wir hier nicht, da wir nur den wirklich zur Vergasung kommenden Brennstoff oder Brennstoffanteil ins Auge fassen. Wir können die Wärmebilanzgleichung folgendermaßen formulieren:

$$B\left(I_B + H_{u_B}\right) + M\left(I_M + H_{u_M}\right) = I_G + H_{u_G} + Q_s \qquad (54)$$

wenn mit I die Enthalpien, mit H_u die unteren Heizwerte und mit Q_s die Verluste durch Strahlung und Leitung nach außen bezeichnet werden. Drücken wir Q_s in Prozent des unteren Heizwertes des zugeführten Brennstoffes aus

$$Q_s = \frac{x}{100} H_{u_B} \qquad (55)$$

und ziehen es auf die linke Seite der Wärmebilanzgleichung (54) herüber, so ist

$$B\left[I_B + \left(1 - \frac{x}{100}\right) H_{u_B}\right] + M\left(I_M + H_{u_M}\right) = I_G + H_{u_G} \qquad (56)$$

In den Gl. (54) u. (56) bedeutet I_B die Enthalpie des Brennstoffs beim Eintritt in die Reaktionszone. Bei Gegenstromvergasung (aufsteigender Vergasung) hat der Brennstoff die Vorwärmzone durchlaufen, und man kann annehmen — und durch Nachrechnung leicht nachweisen —, daß er dabei die „Reaktionstemperatur", d. h. die Temperatur am Ende der Reduktionszone angenommen hat.

Bei Gleichstromvergasung ist der Brennstoff kalt (Außentemperatur) oder nur mäßig vorgewärmt (durch Trocknung und Mahlung), so daß seine Enthalpie vernachlässigbar klein ist.

Die Wärmeverluste nach außen, wozu auch die Wärmeaufnahme des Wasser- oder Dampfmantels, falls ein solcher vorhanden ist, gerechnet werden muß, bewegen sich in der Größenordnung von 1 bis 10%, und sind abhängig von der absoluten Größe des Gaserzeugers und seiner spezifischen Belastung. Bei atmosphärischem Druck und üblichen Belastungen von 150 bis 250 kg/m²h liegt der Verlust bei etwa 8 bis 5%, bei Hochdruckvergasung und Leistungen von 500 bis 1000 kg/m²h geht er auf 3 bis 1% herunter.

I_M ist der Wärmeinhalt des Vergasungsmittels. Die Verdampfungswärme des darin enthaltenen Wasserdampfes wird nicht mitgerechnet, da sie ja nicht im Prozeß selbst aufgebracht wird, und der Dampf auch wieder gasförmig entweicht (als H_2, CO und als H_2O_d).

H_{u_M} ist gewöhnlich Null mit Ausnahme der Fälle, wo brennbare Gase in den Gaserzeuger zurückgeführt werden, oder Koksgas, Naturgas oder dergleichen zwecks Methanzerlegung in den Gaserzeuger eingeleitet wird. I_G und H_{u_G} stellen die Enthalpie und den unteren Heizwert des erzeugten Gases in kcal/Nm³ dar. Die gleichen Quellen, die zur Bestimmung der Gleichgewichtskonstanten herangezogen worden sind, liefern auch die notwendigen Unterlagen für die Enthalpie der Gase. Zahlentafeln, einschließlich solcher Gase, die in den meisten Handbüchern fehlen, finden sich im Anhang S. 97 bis 98. Sie stützen sich auf die Arbeiten von GORDON[1], CROSS[2] und auf die zusammenfassenden Arbeiten von JUSTI[3], KELLEY[4] und BICHOWSKY und ROSSINI[5].

Eine numerische Lösung der Wärmebilanz würde zu einer höchst verwickelten und umständlichen Rechnung führen, das gegebene Verfahren ist daher eine graphische Lösung. Die Gaszusammensetzung wird für mindestens drei Temperaturen durchgerechnet, wobei man runde Temperaturen auswählt, für die man die Enthalpiewerte den Tafeln (s. Anhang, S. 97 ff.) entnehmen kann, und die Wärmebilanzgleichung graphisch löst. Der Schnittpunkt der beiden, meist ziemlich flachen Kurven, die die rechte und linke Seite der Gl. (56) darstellen, ergibt die gesuchte „Reaktions- oder Gleichgewichtstemperatur". Es ist dies diejenige Temperatur, auf die sich der Gaserzeuger unter den gegebenen

---

[1] GORDON, A. R.: The free energy of hydrogen cyanide from spectroscopic data. J. Chem. Phys. Bd. 5 (1937), Nr. 1, S. 30 bis 32. — GORDON, A. R.: The free energy of sulfur dioxide. Ibid. Bd. 3 (1935), Nr. 6, S. 336 bis 337.

[2] CROSS, PAUL C.: Thermodynamic properties of sulfur compounds. I. Hydrogen sulfide, diatomic sulfur, and the dissociation of hydrogen sulfide. II. Sulfur dioxide, carbon disulfide, and carbonyl sulfide. J. Chem. Phys. Bd. 3 (1935), Nr. 3, S. 168 bis 169, Nr. 12, S. 825 bis 827.

[3] JUSTI, E.: Spezifische Wärme, Enthalpie, Entropie und Dissoziation technischer Gase. Berlin: Springer 1938.

[4] KELLEY, K. K.: Contributions to the data on theoretical metallurgy. II. High temperature specific heat equations for inorganic substances. U. S. Bureau of Mines Bull. 371, 1934.

[5] BICHOWSKY, P. RUSSEL u. FREDERICK D. ROSSINI: The Thermochemistry of the Chemical Substances. New York: Reinhold Publishing Co. 1936.

Betriebsverhältnissen selbsttätig einstellt und die für die Gaszusammensetzung bestimmend ist. Will man diese Reaktionstemperatur im Gaserzeuger örtlich festlegen, so kann man sie als die Temperatur an der Phasengrenze (d. h. der reagierenden Koksoberfläche) am Ende der Reduktionszone bezeichnen. Sie ist etwa identisch mit der Temperatur der Gasphase an dieser Stelle, wenn wir vollkommenen Wärmeaustausch zwischen Gas und festem Brennstoff annehmen, kann jedoch experimentell nur sehr schwer ermittelt werden, da die genaue Lage dieser Endzone schwer festzustellen ist, und die Einstellung des Gasgleichgewichtes gegen das Ende der Reduktionszone nur sehr langsam konvergiert. Die Wärmebilanz hingegen liefert einen sicheren und eindeutigen Wert, so daß es zweckmäßiger ist, die Gleichgewichtstemperatur zu definieren als die durch die Wärmebilanz bestimmte Gastemperatur. Um Mißverständnisse auszuschließen sei noch einmal hervorgehoben, daß hier unter „Reaktionstemperatur" nicht etwa die höchste im Gaserzeuger auftretende Temperatur verstanden wird oder irgendeine Temperatur, die durch Messung innerhalb des Gaserzeugers gefunden worden ist.

III. Bemerkungen zur Kinetik der Vergasungsvorgänge.

Ehe wir uns den eigentlichen Berechnungsmethoden zuwenden können, ist eine weitere praktisch sehr bedeutungsvolle Voraussetzung zu klären, die sich in der Frage zusammenfassen läßt: Werden die Gasgleichgewichte in einem Gaserzeuger überhaupt erreicht? Müßten wir diese Frage verneinen, so wäre jeder Versuch einer Vorausberechnung oder einer Voraussage hinfällig, es sei denn, daß uns neben den Gleichgewichtskonstanten noch eine weitere Aussage zur Verfügung stünde, der Faktor, der angibt, wie weit das Gleichgewicht erreicht wird. Wir bezeichnen diesen Faktor als Vollkommenheitsbeiwert x mit einem Index, der die zugehörige Reaktion bezeichnet, also z. B. x_B für die BOUDOUARDsche Reaktion, x_M für die Methanbildungsreaktion usf.

Das ältere Schrifttum ist voll von Feststellungen, daß in einem Gaserzeuger das Gleichgewicht nicht erreicht werde, und im eisenhüttenmännischen Schrifttum gilt es als ausgemacht, daß die Gasanalysen im Hochofen — der ja nichts anderes darstellt als einen großen Gaserzeuger, in dem noch eine Reihe anderer Reaktionen, insbesondere die stufenweise Reduktion der Metalloxyde bis zum reinen Metall, vor sich gehen — „weit vom Gleichgewicht entfernt" seien. Wir werden zeigen können, daß diese Behauptungen in dieser Form unzutreffend sind, und zwar liegen die Meinungsverschiedenheiten in erster Linie in der Definition dessen, was ein Gleichgewichtszustand ist und in der Bestimmung und Definition der Gleichgewichtstemperatur. Um diesen grundsätzlich wichtigen Punkt zu klären, müssen wir ein wenig auf die Kinetik des Vergasungsvorganges eingehen, ohne daß der Versuch gemacht werden soll, die sehr verwickelten und zu wenig bekannten Vorgänge einer rechnerischen Analyse zu unterziehen[1].

Jede heterogene Reaktion, so z. B. der Umsatz eines festen Brennstoffes mit einem gasförmigen Reaktanten, der Verbrennungsluft oder dem Vergasungsmittel, besteht aus zwei grundsätzlich verschiedenen Teilvorgängen. Der erste Teilvorgang ist rein physikalischer Natur und besteht aus einem Stoffaustausch, der Heranführung des zur Reaktion benötigten Gases an die feste Oberfläche und gegebenenfalls in den festen Körper hinein und der Abfuhr der gasförmigen Reaktionsprodukte. Dieser Vorgang besteht in einer Konvektion oder Diffusion oder beiden gemeinsam und hängt von der Relativgeschwindigkeit zwischen Gas und Festkörper, mithin auch von der linearen Strömungsgeschwindigkeit, dem Druck und Druckabfall, der Korngröße und Korngrößenverteilung, und von der Konzentration der reagierenden Gasbestandteile ab. Die Temperatur übt dabei nur einen geringen Einfluß aus. Der zweite Teilvorgang ist die chemische Reaktion, und hier kommt nun die eigentliche chemische Reaktionskinetik ins Spiel, über die wir bei den meisten Reaktionen nicht allzu viel wissen (besonders bei einem so komplizierten Stoff wie der Kohle), da wir den wirklichen Verlauf und die dabei entstehenden, oft sehr kurzlebigen Zwischenprodukte nur ungenau kennen und allenfalls durch spektroskopische Messungen und ähnliche Hilfsmittel einige Anhaltspunkte gewinnen können. Wir berühren damit die Frage nach der Natur der chemischen Reaktion und der chemischen Bindung, über die wir mit unserer molekularen Betrachtungsweise ohnehin wenig Endgültiges aussagen können ohne auf die Fragen des Molekülbaues, der Atomstruktur usw. einzugehen. Wir können indessen so viel mit Sicherheit aussagen und aus thermodynamischen Daten ableiten, daß die Reaktionsgeschwindigkeit im wesentlichen von der Konzentration der Reaktionsteilnehmer und in starkem Maße von der Temperatur abhängig ist.

Die chemische Reaktionsgeschwindigkeit läßt sich sehr gut durch die ARRHENIUSsche Formel wiedergeben

$$k = k_m \, e^{-A/RT} \qquad (57)$$

Darin ist k die Reaktionsgeschwindigkeit, k_m die Reaktionsgeschwindigkeit in dem Falle, daß alle Molekülzusammenstöße zur Reaktion führen würden (was bei weitem nicht der Fall ist), und $e^{-A/RT}$ jener Bruchteil

---

[1] Einen solchen Versuch haben MARCEL PRETTRE und MICHEL MAGAT: A kinetic theory for air-producer-gas formation, J. Inst. Fuel Bd. 21 (1947), Nr. 116, S. 35 bis 43 unternommen, obwohl die so gewonnenen Ergebnisse mit einiger Skepsis aufgenommen werden müssen.

der Molekeln, deren Energieinhalt den Betrag A, die sog. „Aktivierungs-
energie" überschreitet und folglich zur Reaktion führt[1]. Dadurch daß
die absolute Temperatur T im Nenner eines negativen Exponenten
steht, wird der Nenner mit steigender Temperatur sehr klein und k sehr
groß. Jede Temperatursteigerung erhöht also die chemische Reaktionsgeschwindigkeit sehr beträchtlich. Im Bereich niedriger Temperaturen
ist diese Steigerung besonders groß, bei hohen Temperaturen flacht sie
sich ab, doch ist hier die Geschwindigkeit bereits so groß, daß sie die
Gesamtgeschwindigkeit gar nicht mehr beeinflußt (so z. B. beim Verbrennungsvorgang). Das Zusammenspiel von physikalischer und chemi-
scher Reaktionsgeschwindigkeit wird noch anschaulicher, wenn wir den
reziproken Wert der Reaktionsgeschwindigkeit einführen, den Reaktionswiderstand. Es gilt dann die einfache Beziehung, daß der Gesamtwiderstand gleich der Summe der beiden Einzelwiderstände ist, die ge-
wissermaßen in Serie geschaltet sind. Es ist

$$W_{\text{ges.}} = W_{\text{phys.}} + W_{\text{chem.}} \tag{58}$$

Es ist ohne weiteres einzusehen, daß jeweils der größte Widerstand den
Gesamtwiderstand und somit die Brutto-Reaktionsgeschwindigkeit bestimmt, und daß bei Hochtemperaturvorgängen und bei fast verschwin-
dendem chemischen Reaktionswiderstand der Gesamtwiderstand ausschließlich vom physikalischen Widerstand kontrolliert wird[2].

In der Oxydationszone eines Gaserzeugers herrschen so hohe Temperaturen vor, daß hier die chemische Reaktionsgeschwindigkeit vernachlässigbar klein wird. Infolgedessen wird die Höhe der Oxydationszone ausschließlich von physikalischen Größen bestimmt, in erster Linie
von der Korngröße des Brennstoffs, und zwar beträgt sie in der Regel
etwa 80 bis 150 mm bei üblichen Korngrößen oder nach HILES und MOTT[3]
rd. das 2,66fache des mittleren Korndurchmessers.

In der Reduktionszone — wobei wir eine aufsteigende oder Gegenstrom-Vergasung im Auge haben — fällt durch den Wärmeverbrauch
der endothermen Vergasungsreaktionen die Gastemperatur zunächst sehr
stark, dann langsamer ab, um sich schließlich der im vorigen Abschnitt
definierten „Reaktionstemperatur" anzuschmiegen. Die Reaktionswärme wird also vom Gas aus der Verbrennungszone mitgebracht, und

---

[1] Über die Ableitung der ARRHENIUSschen Formel aus dem MAXWELL-
BOLTZMANNschen Gesetz der Geschwindigkeitsverteilung der Moleküle vergleiche
z. B. H. ULICH, a. a. O. (Fußnote 2, S. 7) oder andere Lehrbücher der chemischen Reaktionskinetik.

[2] GUMZ, WILHELM: Theorie und Berechnung der Kohlenstaubfeuerungen.
Berlin: Springer 1939, dort S. 72 Abb. 31.

[3] HILES, J. u. R. A. MOTT: The effect of particle size on the combustion
reactions in a bed of coke. Fuel Sci. Bd. 23 (1944), Nr. 55, S. 134 bis 139.

der physikalische Vorgang des Wärmeaustausches mit dem Brennstoffbett, der mit dem Massenaustausch simultan einhergeht, ist stark mitbestimmend für die notwendige Betthöhe zur vollkommenen Durchführung der Vergasungsreaktionen. Am Ende der Reaktionszone befinden wir uns bei den üblichen Gaserzeugerprozessen in einem Temperaturbereich in der Größenordnung von 700 bis 750° C, wo ein gewisser Einfluß der chemischen Reaktionsgeschwindigkeit bemerkbar ist, obwohl auch hier der physikalische Reaktionswiderstand immer noch den weitaus größeren Anteil hat.

Die Frage, ob die Gleichgewichte der Hauptreaktionen des Vergasungsprozesses erreicht werden, können wir also mit der Nebenbedingung verknüpfen, daß eine hierfür ausreichende Höhe der Brennstoffschicht vorausgesetzt wird. Der Einfluß der Brutto-Reaktionsgeschwindigkeit auf die Vollkommenheit der Reaktion hängt also in hohem Maße von der physikalischen Beschaffenheit des Brennstoffbettes und von der Schichthöhe ab. Im allgemeinen rechnet man damit, daß die Höhe der Reduktionszone 800 bis 1000 mm, die Gesamthöhe des Brennstoffbettes mit Einschluß einer Aschenzone von mindestens 100 mm also etwa 1000 bis 1200 mm oder das 27- bis 30fache des mittleren Korndurchmessers beträgt.

Die Reaktionsteilnehmer haben, wie wir nach diesen Betrachtungen zusammenfassend sagen können, eine endliche, von den physikalischen Reaktionsbedingungen (Korngröße, Schichthöhe, Gasgeschwindigkeit) stark abhängige, von der Temperatur in nur geringem Grade beeinflußte Brutto-Reaktionszeit und benötigen daher einen bestimmten als Gasweg oder Schichthöhe ausgedrückten Reaktionsraum, und erst nach Durchlaufen dieses Raumes erreichen sie das Reaktionsgleichgewicht entsprechend *der* Temperatur, die die Wärmebilanz des Vorganges bei Beendigung des Prozesses ausweist. Es ist dabei stillschweigend vorausgesetzt, aber sehr wesentlich, daß das Gas ein Gebiet beträchtlich höherer Temperaturen durchlaufen und dem Prozeß ein großes Temperatur- und Konzentrationsgefälle dargeboten hat. Dieses Gefälle ist das Maß für die treibende Kraft in dem Ablauf der Reaktionen.

Die Temperatur der festen Phase wird sich im Verlauf des gesamten Vergasungsvorganges viel weniger verändern als die Temperaturen der Gasphase, denn die sich an ihr vollziehenden endothermen Reaktionen wirken als „Temperaturbremse" und bedingen einen kräftigen Temperaturabfall in der Phasengrenze. Diese Temperatur der festen Phase ist mit gewöhnlichen Mitteln der direkten Messung kaum zugänglich, da unsere technischen Temperaturmeßmethoden und Geräte zu grob sind. Auf diese automatische Temperaturregelung ist die Beeinflussung des Verschlackungsvorganges durch den Wasserdampfgehalt oder den CO_2-Gehalt der Verbrennungsluft bzw. des Vergasungsmittels zurückzuführen.

1. Vollkommenheitsgrad der Gleichgewichtseinstellung.

Die oft gehörten Feststellungen, daß der Gaserzeuger kein Gleichgewicht erreiche, fußen auf zwei Arten experimenteller Untersuchungen. Bei der ersten Art, an betriebsgroßen Gaserzeugern vorgenommen, werden Gasproben aus verschiedenen Höhen der Brennstoffschicht entnommen und die Temperaturen an den gleichen Stellen gemessen[1]. Die gefundenen Gasanalysen entsprechen *nicht* dem Gleichgewicht bei den gemessenen Temperaturen. Das ist allerdings auch keineswegs zu erwarten. Der Gaserzeuger wird an Stellen angezapft, an denen sich der Gaserzeugungsvorgang erst vollzieht, aber noch nicht vollzogen hat, außerdem wird die Temperatur der Gasphase gemessen, von der erwartet werden muß, daß sie einen genügenden Wärmeüberschuß mitbringt, nicht dagegen die Temperatur der festen Phase. Gegen die Versuchsdurchführung ist nichts einzuwenden, die Auslegung der Meßergebnisse und die Korrelation von Gasanalysen und mangelhaft definierten Temperaturen dagegen ist irreführend. Es läßt sich leicht zeigen, daß der in Rede stehende Gaserzeuger die vollständige Erreichung des Gleichgewichtes der BOUDOUARDschen und heterogenen Wassergasreaktion bei der durch die Wärmebilanz ausgewiesenen Gleichgewichtstemperatur beweist.

Die zweite Art von Versuchen, die zu der Anschauung geführt haben, daß die Gleichgewichte in Gaserzeugern nicht erreicht werden, sind Laboratoriumsversuche, bei denen die Reaktionen bei konstanten Temperaturen studiert werden[2]. Die dargebotenen Kurven lassen den Eindruck entstehen, daß bei niedrigeren Temperaturen die notwendigen Reaktionszeiten ein Vielfaches dessen darstellen, was in einem Gaserzeuger an Gasberührungszeit zur Verfügung steht, und daß erhöhte Leistungen (also hohe lineare Gasgeschwindigkeiten) infolge der weiteren Verkürzung der Gasdurchlaufzeit die Aussichten auf Erzeugung eines gutes Gases äußerst stark verschlechtern müßten. Beide Folgerungen stehen im Widerspruch zur praktischen Erfahrung. Bei Reaktionsendtemperaturen von 700° C wird bei Gasberührungszeiten in der Größenordnung einer Sekunde ein gutes Gas erzeugt, und Leistungssteigerungen bis über 2000 kg/m²h, in absteigender Vergasung durch Vergasung unter Druck mit einem Sauerstoff-Wasserdampf-Gemisch erzielt, haben nicht die geringste Andeutung einer Gasverschlechterung

---

[1] HORAK, WILHELM: Untersuchungen an einem Gaserzeuger mit Dampfmantel. Z. Österr. Ver. Gas- u. Wasserfachm. Bd. 74 (1933), Nr. 11 u. 12, S. 170 bis 180, 194 bis 203.

[2] CLEMENT, T. K., L. H. ADAMS u. C. N. HASKINS: Essential factors in the formation of producer gas. U. S. Bureau of Mines Bull. 7 (1911), S. 5 bis 38. — CLEMENT, T. K. u. L. H. ADAMS: Effective temperatures for water-gas generation. L. c., S. 39 bis 57.

gezeigt. Diese Diskrepanz ist darauf zurückzuführen, daß die Durchführung des Laboratoriumsversuchs durchaus nicht dem Vorgang im Gaserzeuger entspricht. Insbesondere fehlt hier das Durchlaufen der hohen Temperaturen und die Lieferung der Reaktionswärme aus diesem Wärmeüberschuß. Darüber hinaus ist die Wärmezufuhr durch das strömende Gas und durch Außenheizung bei sehr klein gehaltenen Temperaturdifferenzen der eigentliche leistungsbegrenzende Faktor, und endlich ist auch hier die gemessene Temperatur diejenige der Gasphase, nicht notwendigerweise die wirkliche Gleichgewichtstemperatur gemäß der hier gewählten Definition.

Der Beweis für die zunächst stillschweigend getroffene Annahme, daß die Gleichgewichte im Gaserzeuger erreicht werden, kann so geführt werden, daß der Vergasungsvorgang bei gegebenen Betriebsbedingungen mit der Annahme einer vollständigen Gleichgewichtseinstellung durchgerechnet und mit der experimentell gefundenen Gasanalyse verglichen wird. Die Rechnung liefert durch die Wärmebilanz eine eindeutig bestimmte „Reaktionstemperatur", bei welcher die endgültige Gaszusammensetzung errechnet wird. Stimmt diese mit der gemessenen Gasanalyse (unter Ausschaltung der Einflüsse etwaiger flüchtiger Bestandteile) überein, so war die getroffene Voraussetzung richtig. Ein Beispiel sei hier angeführt, wobei wir den im folgenden Kapitel zu behandelnden Berechnungsverfahren vorgreifen. Zahlentafel 1 zeigt die von PLENZ[1] gemessene und die bei seinen Betriebsbedingungen berechnete Gasanalyse.

Zahlentafel 1. *Gasanalysen (bezogen auf trockenes Gas) nach Versuchen von Plenz. Brennstoff: Koks, Sättigungstemperatur des Vergasungsmittels 57,5° C.*

| Gemessene Werte | | Berechnete Werte |
Schwankungsbereich	Mittelwert	
28,4 ... 29,4	29,31	29,34% CO
4,0 ... 5,7	5,17	5,27% CO_2
10,7 ... 13,7	12,68	13,27% H_2
0,0 ... 1,2	0,41	0,05% CH_4
n.b.	...	0,10% H_2S
n.b.	...	0,01% COS
51,7 ... 54,8	52,43	51,96% N_2
	100,00	100,00%

Die Reaktionstemperatur beträgt, laut Wärmebilanz, 719° C. Die Übereinstimmung genügt allen praktischen Bedürfnissen. Im einzelnen läßt sich noch sagen, daß die Abweichungen zwischen Rechnung und Messung viel geringer sind als die Schwankungen der Meßwerte, die

---

[1] PLENZ, F.: Leistungsversuch an einer Koksvergasungsanlage auf dem Gaswerk Berlin-Neukölln. Feuerungstechn. Bd. 15 (1926/27), Nr. 20, S. 232 bis 234.

ihrerseits auf ungenügende Konstanz der Betriebsbedingungen über einen
so langen Zeitraum — von einer Woche — zurückzuführen sind. Der
Methangehalt schwankte in Einzelmessungen von 4,1% kurz nach Aufgabe neuen Brennstoffs bis zu Null gegen Ende der Beschickungsperiode,
d. h. das nachgewiesene Methan entstammt ganz überwiegend den flüchtigen Bestandteilen des Kokses. Unter Berücksichtigung des damit im
Methan gebundenen Wasserstoffs würde der gerechnete Wasserstoffgehalt etwas kleiner werden und größenordnungsmäßig dem gemessenen
Wert sehr nahekommen.

Ein so niedriger Methangehalt — 0,05% durch CH_4-Neubildung —
kann selbstverständlich nicht zur Beurteilung der Methanbildungsreaktion benutzt werden, schon wegen der analytischen Schwierigkeiten
des exakten Nachweises so geringer Prozentsätze nicht. Die Druckvergasung dagegen liefert, wie S. 8 gezeigt wurde, erheblich höhere
Methangehalte, die in einem meßtechnisch durchaus gut erfaßbaren
Bereich liegen. Die Auswertung eines Großversuchs mit Ruhr-Magerkohle
(Zeche Alstaden) in der Lurgi-Druckvergasungsanlage in Böhlen bei
Leipzig, der 1943 vom Bergbau-Verein, Essen, in Gemeinschaft mit der
Lurgi-Gesellschaft für Wärmetechnik und der Aktiengesellschaft
Sächsische Werke durchgeführt wurde, hat gezeigt, daß die Methanbildungsreaktion ihr Gleichgewicht nicht erreicht[1]. Dieses Ergebnis ist
nicht unerwartet. Die Reaktion

$$C + 2\,H_2 = CH_4$$

ist nur eine Bruttoreaktion, sie entspricht durchaus nicht dem wirklichen
Verlauf, was aber ihre Verwendungsfähigkeit für die thermodynamische
Betrachtung und die rechnerische Behandlung des Bruttovorganges
keineswegs schmälert. Ob eine Gasreaktion der Art

$$CO + 3\,H_2 = CH_4 + H_2O$$

oder eine andere mögliche Kombination von Reaktionen den wirklichen
Vorgang besser beschreibt, und wie die Reaktion kinetisch wirklich verläuft, bleibt offen. Obige Gleichung würde verlangen, daß vier Moleküle,
ein CO- und 3 Wasserstoffmoleküle, aufeinandertreffen, oder daß, was
wahrscheinlicher ist, erst eine Reihe von Zwischenstufen durchlaufen
werden müssen, um ein solches Bruttoergebnis zu bringen. Es ist ohne
weiteres zu ersehen, daß hier eine viel kompliziertere Reaktion vorliegt
als bei den verhältnismäßig einfachen Reaktionen $C + CO_2$ oder $C + H_2O$,
und daß daher eine solche Reaktion mehr Zeit oder vielleicht auch die

---

[1] GUMZ, WILHELM: Gasification of solid fuels at elevated pressure. Vortrag
gehalten auf der Diamant-Jubiläums-Tagung der American Chemical Society,
New York, Sept. 1951, Ind. Eng. Chem. Bd. 44 (1952), Nr. 5, S. 1071 bis 1073.

Mitwirkung von Katalysatoren erfordern würde, um vollständig zu verlaufen.

Es ist an anderer Stelle gezeigt worden[1], daß Reaktionen bei unvollständiger Einstellung des Gleichgewichtes formal in gleicherweise behandelt werden können wie bei vollkommener Gleichgewichtseinstellung, wenn wir den Massenwirkungsquotienten gleich $x K_p$ setzen. Im Falle der Reaktion nach der Gl. (3) ist dann

$$x_M K_{p_M} = \frac{p_{CH_4}}{p_{H_2}^2} = \frac{v_{CH_4}}{v_{H_2}^2 P} \tag{59}$$

Nachdem Versuche unter selbst ungünstigeren Verhältnissen als sie in Böhlen vorlagen und mit reaktionsträgeren Brennstoffen stets gezeigt haben, daß die BOUDOUARDsche und die Wassergasreaktion ihr Gleichgewicht voll erreichen, konnte erwartet werden, daß dies auch bei diesen Versuchen der Fall sei. In der Tat haben zahlreiche Durchrechnungen mit $x_B < 1$; $x_W < 1$; $x_M < 1$ oder $x_B = x_W = x_M < 1$ und andere Kombinationen zu keinem Ergebnis geführt, während die Annahme $x_B = x_W = 1$; $x_M < 1$ die Ergebnisse des Versuchs gut wiederzugeben gestattet. Die verbleibende Unbekannte x_M konnte so aus den Böhlener Versuchen ermittelt werden und ergab sich zu

$$x_M = 0{,}281$$

Zahlentafel 2.

Vergleich zwischen Messung und Rechnung der Hochdruck-Vergasungsversuche in Böhlen. Brennstoff: Ruhrmagerkohle; Vergasungsmittel: Sauerstoff-Wasserdampf-Gemisch; P = 20 Atm.

| | Berechnete Werte | | Gemessene Werte[2] | Abweichung | |
	(feuchtes Gas)	(trockenes Gas)	(trockenes Gas)	absolut	in %
% CO	9,31	14,63	14,43	+ 0,20	+ 1,39
% CO$_2$	20,27	31,86	31,45	+ 0,41	+ 1,30
% H$_2$	27,11	42,60	43,10	− 0,50	− 1,16
% H$_2$O	36,37	−	−	−	−
% CH$_4$	6,15	9,67	9,70	− 0,03	− 0,31
% H$_2$S	0,15	0,24	0,27	− 0,03	− 11,11
% N$_2$	0,64	1,00	1,05	− 0,05	− 4,76
	100,00	100,00	100,00		

[1] TRAUSTEL, SERGEI u. WILHELM GUMZ: Über Vergasungsvorgänge bei unvollkommener Gleichgewichtseinstellung. Bergbau u. Energiewirtsch. Bd. 2 (1949), Nr. 3, S. 69 bis 75,, Nr. 4/5, S. 85 bis 87. — GUMZ, WILHELM: Gas Producers and Blast Furnaces. Theory and Methods of Calculation. New York: John Wiley & Sons, Inc. 1950. S. 76 bis 86.

[2] Umgerechnet auf sauerstofffreies Gas ohne ungesättigte Kohlenwasserstoffe. Die Originalanalyse enthielt noch 0,25% O$_2$ und 0,24% SKW.

Mangels anderweitiger Unterlagen, die durch systematische Groß-versuche möglichst mit völlig entgasten Brennstoffen vorgenommen werden müßten, wird empfohlen, mit diesem x_M-Wert als Mittelwert zu rechnen[1]. Bei atmosphärischer Vergasung würde sich eine leichte Abweichung von diesem Beiwert ohnehin nicht merklich auswirken.

Versuche des Bureau of Mines[2] mit einem Lurgi-Gaserzeuger von 343 mm Innendurchmesser (rd. 0,093 m² Schachtquerschnitt) mit verschiedenen Schwelkoksen, Drücken und Durchsatzleistungen haben ziemlich stark schwankende Methangehalte ergeben. Daraus geht hervor, daß neben den Betriebsbedingungen, wie Druck und Zusammensetzung des Vergasungsmittels, auch die Art des Brennstoffs, sein Gehalt an flüchtigen Bestandteilen und die Belastung einen Einfluß auf die Höhe des Methangehaltes ausüben. Hochtemperaturkoks ergab ganz bedeutend niedrigere Methangehalte (2,2 bis 2,3% im trockenen Rohgas) als Schwelkoks (5,8%) bei gleichem Druck und etwa gleicher Belastung. Das deutet darauf hin, daß ein guter Anteil des Methans im Gas den flüchtigen Bestandteilen des Brennstoffs entstammen mag, und daß die Synthese des Methans aus den Elementen tatsächlich geringer ist. Mit steigender Belastung neigt der Methangehalt zum Rückgang, so fällt er, wie Zahlentafel 3 zeigt, von 7,9 bis 9,0% bei einer spezifischen Vergasungsleistung von 478 bis 557 kg/m²h auf 6,4% bei 864 kg/m²h.

Zahlentafel 3. *Auszug aus den Druckvergasungsversuchen des Bureau of Mines bei verschiedener Belastung.*
Brennstoff: Schwelkoks, Ausgangskohle: Pittsburgh Flöz, W. Va.,
Betriebsdruck 20 atü.

Belastung	478	537	557	713	kg/m²h
t Dampf	212	212	315	420	°C
$O_2(+N_2)$	11,1	11,6	12,2	7,1	%
H_2O	88,9	88,4	87,8	92,9	%
Gasanalyse (trocken)	8,7	7,9	9,0	6,4	% CH_4
	1,3	1,1	1,3	0,7	% C_2H_6
	0,5	0,4	0,5	0,2	% SKW
	26,8	26,8	26,6	29,2	% CO_2
	20,5	21,4	19,8	19,8	% CO
	41,1	41,2	41,4	41,4	% H_2
	0,7	0,8	1,0	1,9	% N_2
	0,4	0,4	0,4	0,2	% H_2S
	0,0	0,0	0,0	0,2	% O_2
	100,0	100,0	100,0	100,0	

[1] In früheren Veröffentlichungen (s. Fußnote 1, S. 22) wurde der Wert x_M mit 0,24 angegeben. Der Wert 0,281 hat sich auf Grund einer systematischen Verbesserung der Versuchsauswertung unter Einbeziehung des H_2S-Gehaltes in die Rechnung ergeben.

[2] COOPERMAN, J., J. D. DAVIS, W. SEYMOUR u. W. L. RUCKES: Lurgi process. Use for complete gasification of coals with steam and oxygen under pressure. U. S. Bureau of Mines Bull. 498 (1951).

Bei der Auslegung dieser Versuchsergebnisse ist allerdings darauf hinzuweisen, daß die Betriebsbedingungen (Dampfüberhitzungstemperatur, Sauerstoff- und Wasserdampfgehalt des Vergasungsmittels) nicht ganz gleichgehalten werden konnten, und daß bei anderen Versuchsreihen Schwankungen im Methangehalt in dieser Größenordnung (nämlich 8,3 bis 11,4 % CH_4) bei gleichem Brennstoff, gleicher Belastung und gleichem Druck bei nur geringfügigen Änderungen in den sonstigen Betriebsbedingungen vorkommen.

Es ist durch die Böhlener Versuche gleichfalls erwiesen, daß aller Schwefel in Schwefelwasserstoff übergegangen ist. Die Tatsache, daß die Rechnung sogar etwas mehr Schwefelwasserstoff ausweist als die Messung, ist darauf zurückzuführen, daß die H_2S-Bestimmung nicht laufend vorgenommen wurde, wie bei den anderen Gasbestandteilen, sondern nur in Einzelmessungen, so daß der gefundene Wert nicht notwendigerweise einen verläßlichen Mittelwert darstellt.

Teilt man den Schwefel im Gas in H_2S und organischen Schwefel (COS) auf, so ergibt sich für die Verhältnisse in Zahlentafel 2 — und ähnlich für Zahlentafel 3 —, daß vom Gesamtschwefel im Gas 98,38 % H_2S und 1,62 % COS sind. Dies steht in guter Übereinstimmung mit den Angaben des Bureau of Mines[1], die 370 grain/100 cu.ft. als H_2S und 10 grain/100 cu.ft. als COS ausgewiesen haben, das ist in Vol.-% ausgedrückt 98,47 % H_2S und 1,53 % COS.

Unsicherheit besteht indessen, mangels geeigneter Versuchsunterlagen, ob die COS-, CS_2- und S_2-Bildung ihr volles Gleichgewicht erreicht. Bei der CS_2-Bildung deuten die Schwierigkeiten der CS_2-Herstellung darauf hin, daß die Reaktion möglicherweise unvollkommen verläuft. Unter üblichen Betriebsbedingungen für Generatorgas-, Wassergas- oder Druckgaserzeuger tritt CS_2, S_2 sowie SO_2 ohnehin nicht im Gas auf (vgl. S. 62), so daß dieses noch offene Problem ohne allzu große Tragweite ist.

2. Reaktionsfähigkeit der Brennstoffe.

Ähnliche Unklarheiten wie über Gleichgewicht und Reaktionsgeschwindigkeit in Gaserzeugern bestehen hinsichtlich des Einflusses der Reaktionsfähigkeit des Vergasungsbrennstoffes. Wo und wie kann sich die Reaktionsfähigkeit praktisch auswirken?

Im Hinblick auf die Darstellung des Brutto-Reaktionswiderstandes der Vergasungsreaktionen kann man zunächst feststellen, daß die Reaktionsfähigkeit des Brennstoffs den physikalischen Stoff- und

---

[1] COOPERMANN, J., J. D. DAVIS, W. SEYMOUR und W. L. RUCKES: Lurgi process. Use for complete gasification of coals with steam and oxygen under pressure. U. S. Bureau of Mines Bull. 498, 1951.

Wärmeaustausch unbeeinflußt läßt, daß also ein Gaserzeuger (oder Hochofen) mit einem reaktionsträgen Hochtemperaturkoks nicht etwa weniger leistet als ein solcher mit sehr reaktionsfähiger Holzkohle. Die Leistung würde — unter der leicht erfüllbaren Voraussetzung ausreichender Schichthöhen — von der Menge des zugeführten Gebläsewindes (des Vergasungsmittels) abhängen und praktisch bei einem gut sortierten, abriebfesten Hochtemperaturkoks voraussichtlich, lediglich aus Gründen der physikalischen Beschaffenheit der Brennstoffsäule, höher sein als bei der weicheren Holzkohle. Der Unterschied würde, bei sonst gleichen Verhältnissen, in der notwendigen Schichthöhe liegen, oder in der Möglichkeit, mit gröberem Brennstoff zu arbeiten. Andere Erscheinungsformen der höheren Reaktionsfähigkeit sind eine niedrigere Oberflächentemperatur infolge des lebhafteren Stoffumsatzes je geometrische Oberflächeneinheit[1] und eine schnellere Anpassung an zeitliche Veränderungen der Betriebsbedingungen (Lastwechsel), insbesondere Veränderungen der Temperatur. Der reaktionsfähigere Brennstoff ist daher von Bedeutung für einen Fahrzeuggaserzeuger mit seinem häufigen Lastwechsel, während er im kontinuierlichen Betrieb mit konstanter Last keinen Vorteil bietet.

Erreicht ein Gaserzeuger mit Hochtemperaturkoks das Gleichgewicht der Hauptreaktionen, so kann ein reaktionsfähigerer Brennstoff dieses Ergebnis unmöglich verbessern. Solche gelegentlich anzutreffenden Feststellungen, daß ein bestimmter (reaktionsfähigerer) Brennstoff ein besseres Gas erzeugt, mehr Gasausbeute je kg Brennstoff erbracht oder weniger Sauerstoff verbraucht habe, beruhen auf Fehlschlüssen. Ein häufiger Trugschluß dieser Art ist die Nichtbeachtung des Einflusses der flüchtigen Bestandteile (bzw. eines Unterschiedes in den flüchtigen Bestandteilen beim Vergleich zweier Brennstoffe), die außerhalb des Vergasungsvorganges ausgetrieben werden. Selbstverständlich ist bei einem Brennstoff mit höherem Gehalt an flüchtigen Bestandteilen das verbleibende Gewicht an fixem Kohlenstoff (bzw. an wirklich in die Vergasungszone gelangendem Brennstoff) je kg aufgegebenen Brennstoffs geringer, und es entsteht der Eindruck einer höheren Leistung. In solchen Fällen darf nur der wirkliche Vergasungsbrennstoff betrachtet und zu Vergleichen herangezogen werden, wie auch der Begriff der „Reaktionsfähigkeit" nur auf Kokse, nicht auf Kohle anwendbar ist ohne seinen Sinn zu verlieren.

---

[1] Die wirkliche (nicht die geometrische) Oberfläche ist infolge des Porenvolumens und der Struktur der Holzkohle wesentlich größer, worauf ja die höhere Reaktionsfähigkeit beruht.

3. Gleichstrom-Vergasung.

Bisher haben wir unsere kinetischen Betrachtungen auf Gegenstrom-Vergasung beschränkt. Schwankenderen Boden betreten wir, wenn wir uns der Gleichstrom-Vergasung (Kohlenstaub-Vergasung) zuwenden. Brennstoff und Vergasungsmittel durchwandern den Vergasungsraum in gleicher Richtung, der Brennstoff vom Vergasungsmittel in der Schwebe mitgeführt.

Damit verändern wir eine Reihe von Bedingungen und Voraussetzungen und erhalten folglich ein wesentlich verschiedenes Bild und einen andersartigen Ablauf der Vorgänge. Im wesentlichen sind es drei, nunmehr veränderte und ungünstigere Voraussetzungen:

Die Vorwärmung, Trocknung und Entgasung des Brennstoffs durch das austretende Gas entfällt; darüber hinaus muß dieser Wärmebetrag, der sonst als kostenloser Wärmerückgewinn erscheint, in der Verbrennungszone — also innerhalb der Reaktionszonen selbst — aufgebracht werden. Der Betrag tritt also mit seinem doppelten Wert bei der Wärmebilanz in Erscheinung. Die Folge ist eine niedrigere Reaktionstemperatur und ein schlechteres Gas, zugleich auch ein geringerer Vergasungswirkungsgrad.

Die zweite Änderung ist der Wegfall des großen Kohlenstoffüberschusses, der bei Gegenstrom-Vergasung dem Gas als Reaktionspartner zur Verfügung steht. Dem Gaserzeuger wird nur so viel Brennstoff zugeführt, wie vergast werden soll, und im Verlauf des Umsatzes nimmt die Menge des festen Kohlenstoffs zunehmend ab, um im theoretischen Grenzfall Null zu werden. Dieser theoretische Grenzfall wird natürlich praktisch weder erreicht noch angestrebt — er würde eine unendliche Reaktionszeit erfordern, doch würde der dazu notwendige unendlich große Reaktionsraum einen unendlich großen äußeren Wärmeverlust aufweisen und folglich kein brennbares Gas liefern. Praktisch wird man bewußt oder ungewollt immer mit einem gewissen Brennstoffüberschuß (= Kohlenstoffverlust) arbeiten, dabei jedoch bemüht sein, durch Abscheiden des Flugkokses den Überschuß mit möglichst gutem Ausbringen zurückzuerhalten. Andere Lösungsvorschläge laufen darauf hinaus, einen beträchtlichen Kohlenstoffüberschuß im Generator kreisen zu lassen, wie es beim „fluidisierten" oder kochenden Brennstoffbett oder in anderer Form im Vortex- oder Zyklon-Gaserzeuger der Fall ist, oder den Kohlenstoff im Vergasungsraum bei genügend hoher Temperatur zurückzuhalten durch Kombination des Staubvergasers mit einem festen, vorzugsweise absteigend durchströmten Brennstoffbett.

Der dritte Punkt, in dem sich die Gleichstromvergasung in der Schwebe grundsätzlich von der Gegenstrom-Vergasung in einem ruhenden Brennstoffbett unterscheidet, ist die begrenzte Relativgeschwindigkeit zwischen dem Gas und dem festen Brennstoff. Es ist richtig, daß durch Aufmahlung eines Brennstoffs eine außerordentlich vergrößerte Oberfläche geschaffen wird, aber zu gleicher Zeit verringert sie die Schwebegeschwindigkeit des Einzelkorns. Unter gewöhnlichen Umständen ist die Relativgeschwindigkeit zwischen Festkörper und Traggas gleich der Fallgeschwindigkeit (Schwebegeschwindigkeit) des festen Teilchens[1]. Je kleiner also das Teilchen wird, um so kleiner wird seine Schwebegeschwindigkeit. Zahlentafel 4 gibt Oberflächenentwicklung und Schwebegeschwindigkeit für den idealisierten Fall von Kugeln mit dem spez. Gewicht 1000 kg/m³ in einem Gas (Luft) von 1000° C an. Der Vorteil der Zerkleinerung wird daher durch den Rückgang der Schwebe-

Zahlentafel 4. *Schwebegeschwindigkeit und Oberfläche kugelförmiger Teilchen.*
($t = 1000°$ C, $\gamma = 1000$ kg/m³)

Teilchendurchmesser mm	Schwebegeschwindigkeit m/sec	Oberfläche m²/kg
10	39,6	0,6
1	5,92	6
0,1	0,110	60
0,01	0,0011	600
0,001	0,000011	6000

geschwindigkeit und damit der physikalischen Reaktionsgeschwindigkeit weitgehend aufgehoben. Es liegen daher eine Reihe von Vorschlägen vor, diesem grundsätzlichen Nachteil abzuhelfen, indem die Relativgeschwindigkeit durch besondere Maßnahmen erhöht wird. Solche Auswege sind die Schaffung eines Kraftfeldes mit wesentlich größeren Kräften als sie im einfachen Schwerefeld (der Anziehungskraft der Erde) vorliegen, z. B. durch Anwendung von Zentrifugalkräften (Prinzip des Vortexgaserzeugers), durch Festhalten der Teilchen an den schlackeüberzogenen Generatorwänden (Prinzip des Zyklongaserzeugers und der Zyklonfeuerung) und durch Überlagerung von Schwingungsvorgängen. Versetzt man eine Gassäule mit festen Schwebeteilchen in ihr in pulsierende Schwingungen, beispielsweise mit einer Frequenz von 50 Hz (Schwingungen in der Sekunde), so werden die Gasmoleküle an dieser Schwingung teilnehmen, während die trägeren Festteilchen nicht dazu in der Lage sind. Die Folge ist eine Erhöhung der Relativbewegung zwischen Festkörper und Gas, die erheblich über die Schwebegeschwindigkeit wie auch über die auf gekrümmten Bahnen erzielbare Relativgeschwindigkeit hinausgeht. Es ist dies das Prinzip des SCHMIDT-Rohres[2], das sich

---

[1] GUMZ, WILHELM: Theorie und Berechnung der Kohlenstaubfeuerungen. Berlin: Springer 1939.

[2] SCHULTZ-GRUNOW, F.: Das SCHMIDT-Rohr, ein neuartiges Brennrohr. Vortrag, gehalten auf der VDI-Hauptversammlung 1950. — SCHULTZ-GRUNOW, F.: Gas-dynamic investigation of the pulse-jet tube. NACA Techn. Memo. 1131 (1947).

in kleineren Versuchsanlagen als ein äußerst wirksames Mittel zur Geschwindigkeitssteigerung heterogener Reaktionen erwiesen hat, wenn auch die Durchbildung zur technischen Reife solcher Schwing-Brenner und Schwing-Gaserzeuger noch eine Aufgabe der Zukunft ist.

Alle praktischen Versuchsergebnisse haben bisher gezeigt, daß bei der Staubvergasung Gasqualität und Wirkungsgrad erheblich hinter den Erwartungen zurückbleiben, und daß offenbar kein direkter Zusammenhang zwischen der Reaktionstemperatur bzw. der Gasaustrittstemperatur und der Gasanalyse des erzeugten Gases besteht. Eine Verbesserung der Wärmebilanz, z. B. durch sehr hohe Vorwärmung des Vergasungsmittels[1], hat jedoch das bemerkenswerte Ergebnis, daß der Mehraufwand an Wärme der Gasqualität voll zugute kommt, was sich vor allem in einer Verringerung des Sauerstoffaufwandes ausdrückt. Man kann, mit anderen Worten, Sauerstoffaufwand durch Vorwärmung ersetzen und umgekehrt und gleiche Endergebnisse erzielen. Es läge nahe, diese Erscheinungen in erster Linie auf kinetische Einflüsse zurückzuführen; es zeigt sich jedoch, daß auch andere Gründe mitbestimmend sind, ja sogar in so hohem Maße, daß sie zu einer Erklärung der Verhältnisse ausreichen.

Zerlegt man den Vorgang rechnerisch in zwei Phasen, den Staubverbrennungsvorgang bis zum völligen Verbrauch des vorhandenen Sauerstoffs und den Vergasungsvorgang, so zeigt sich[2], daß der Verbrauch allen Sauerstoffs ein Vergasungsmittel für den anschließenden Reduktionsvorgang liefert, zu dessen Reduktion eine größere Kohlenstoffmenge notwendig wäre als noch vorhanden ist. Infolgedessen muß der Reduktionsvorgang frühzeitig abbrechen, und es fehlt die Möglichkeit, den verbleibenden Überschuß an fühlbarer Wärme und an Reduktionsmitteln (CO_2, H_2O) nutzbringend zu verwerten. Die Folge ist ein armes Gas (entsprechend einer Gleichgewichtstemperatur, die 320 bis 420° C unter der Gasaustrittstemperatur liegt) und eine sehr hohe Gasaustrittstemperatur in der Größenordnung von 1000° C. Dies hat zunächst noch nichts mit der Kinetik im eigentlichen Sinne zu tun und läßt es verständlich erscheinen, warum Maßnahmen zur dauernden Aufrechterhaltung eines Kohlenstoffüberschusses gefordert oder erstrebt werden.

Mit einer Überfütterung des Gaserzeugers mit Kohlenstoff ist indessen noch nicht viel erreicht, da ja der im Überschuß eingebrachte Brennstoff auch Wärme zu seiner Aufheizung (Trocknung und Ent-

---

[1] STRIMBECK, G. R., J. H. HOLDEN, J. B. CORDINER u. L. D. SCHMIDT: Pilotplant gasification of pulverized coal with oxygen and highly superheated steam. U. S. Bureau of Mines Report of Investigations 4733, Nov. 1950 — Gas- u. Wasserfach, Bd. 92 (1951), Nr. 7. S. 93 bis 94.

[2] GUMZ, WILHELM: Gas Producers and Blast Furnaces. S. 124 bis 129.

gasung) braucht, und so die Gleichgewichtstemperatur, aber nicht die Gasaustrittstemperatur senkt. Es ist also notwendig, die Vorwärmung des Vergasungsmittels um mindestens den Betrag dieses Mehraufwandes zu erhöhen, um die Gasqualität nicht abzusenken.

In der Schlußphase, d. h. mit der relativen Verarmung des noch nicht völlig ausreagierten Gases an Kohlenstoff, dürfte sich indessen auch ein kinetischer Einfluß geltend machen, dessen Größe noch unbestimmt, voraussichtlich aber klein ist, da die bisherigen Versuchsergebnisse aus dem Kohlenstoffmangel allein gut erklärt werden können. Daß trotz des Kohlenstoffmangels noch ein wirtschaftlich nicht vernachlässigbarer Kohlenstoffverlust auftritt, beruht auf der starken Verdünnung der festen Phase, ein Effekt, dem durch Steigerung der physikalischen Reaktionsgeschwindigkeit (z. B. durch Pulsationen) entgegengewirkt werden könnte. Die Schwingungsvergasung kann auf die Erfüllung aller übrigen Bedingungen, wie ausreichende Temperaturen, hohe Vorwärmung und dergleichen nicht verzichten und auch die Nachteile hoher Gasaustrittstemperaturen und niedriger Vergasungswirkungsgrade nicht ausschalten. Ihr Vorteil liegt also nicht so sehr in der Verbesserung der Gasqualität als in der hohen spezifischen Leistung, damit in der Schrumpfung und Verbilligung der Apparaturen, ein Vorteil, der sich vor allem in der Hochdruckvergasung auswirken dürfte.

Der eigentliche Vorteil der Staubvergasung liegt in der Ausschaltung aller derjenigen Schwierigkeiten, die mit dem Backen und der Gleichförmigkeit eines festen Brennstoffbettes zusammenhängen, und in der Universalität des Brennstoffprogramms. Aschenverhalten und Mahlbarkeit sind die einzigen Brennstoffcharakteristiken, die von ausschlaggebender Bedeutung sind.

IV. Das Gleichungssystem und seine Lösungen.

Gegeben ist die Zusammensetzung des Brennstoffs und des Vergasungsmittels, der Gesamtdruck (P) und die Temperatur (t_R). Gesucht ist die Gaszusammensetzung des erzeugten Gases und der Aufwand an Brennstoff und Vergasungsmittel. Die Zahl der Unbekannten richtet sich nach der Zahl der möglichen Gasbestandteile, die im erzeugten Gas erwartet werden können, also z. B. — bei Vernachlässigung des Schwefels und seiner Verbindungen — 8 Unbekannte: B, M, v_{CO}, v_{CO_2}, v_{H_2}, v_{H_2O}, v_{CH_4} und v_{N_2} oder bei Berücksichtigung aller Schwefelverbindungen 13 Unbekannte, und zwar die gleichen wie vorher, dazu v_{H_2S}, v_{COS}, v_{CS_2}, v_{S_2} und v_{SO_2}.

Alle Berechnungsverfahren beruhen auf der Aufstellung eines Gleichungssystems mit so vielen Bestimmungsgleichungen wie Unbekannte vorhanden sind und auf einer Reduzierung der Zahl der Unbekannten auf eine kleinere Zahl von primären Unbekannten durch Ausnutzung der Gleichgewichtsbeziehungen, um dadurch die numerische Lösung des Gleichungssystems zu erleichtern. An Stelle einzelner Gasbestandteile kann auch das Verhältnis zweier Unbekannter als neue Unbekannte gewählt werden. So läßt sich z. B. das oben angegebene System mit 8 Unbekannten auf ein solches von 2 Gleichungen zweiten Grades mit 2 primären Unbekannten verwandeln (s. S. 31) oder dasjenige mit 13 Unbekannten auf ein solches mit 3 primären Unbekannten (s. S. 38). Die dann verbleibenden einfacheren Systeme werden durch Näherungsverfahren gelöst, indem die primären Unbekannten angenommen, und die Annahmen nach dem NEWTON-Verfahren, durch graphische Interpolation oder durch sonstige Interpolationsverfahren so lange verbessert werden, bis der gewünschte Genauigkeitsgrad erreicht ist. Im Prinzip läßt sich auf diese Weise eine beliebig hohe Genauigkeit erzielen.

1. Einfacher Sonderfall.

Durch eine Vereinfachung der Annahmen, so bei Beschränkung auf reinen Kohlenstoff als Vergasungsbrennstoff und trockene Luft als Vergasungsmittel, läßt sich das Gleichungssystem so weit vereinfachen, daß man zu einer quadratischen Gleichung mit einer Unbekannten gelangt, die unmittelbar gelöst werden kann. Dieser Fall hat zwar keine große praktische Bedeutung, denn reiner Kohlenstoff kommt als Vergasungsbrennstoff nicht in Betracht, und die atmosphärische Luft ist niemals ganz trocken, sofern man ihren natürlichen Feuchtigkeitsgehalt nicht durch künstliche Mittel entfernt. Immerhin aber kommt die Vergasung von Koks mit „mittelfeuchter" atmosphärischer Luft, wie etwa im Abstichgaserzeuger, im Kupolofen und im Hochofen[1], diesem Idealfall sehr nahe, der mithin einen ausgezeichneten Anhalt für die Gewinnung gut liegender Schätzwerte für eine vollständige Berechnung unter Berücksichtigung aller Brennstoff- und Luftbestandteile liefert.

Die Luft habe die Zusammensetzung

$$v'_{O_2} = 0{,}21 = O_M; \qquad v'_{N_2} = 0{,}79 = N_M$$

Die zu erwartenden Gasbestandteile sind die zunächst unbekannten v_{CO}, v_{CO_2} und v_{N_2}, deren Summe $= 1$ sein muß (DALTONsches Gesetz). Man drückt in der Gleichung

$$v_{CO} + v_{CO_2} + v_{N_2} - 1 = 0 \tag{60}$$

---

[1] Im Hochofen muß allerdings noch der Sauerstoff der Erze und die Kohlensäure des Kalkzuschlages mit berücksichtigt werden.

zwecks Lösung nach v_{CO} die übrigen Gasbestandteile auch durch v_{CO} aus (Rückführung auf eine Unbekannte), so v_{CO_2} mit Hilfe der Gleichgewichtskonstanten der Boudouardschen Reaktion, Gl. (32),

$$v_{CO_2} = v_{CO}^2/P^{-1} K_{p_B} \tag{61}$$

und v_{N_2} durch Division der Stickstoffbilanz durch die Sauerstoffbilanz, um das zunächst ebenfalls unbekannte M (Vergasungsmittelmenge) herausfallen zu lassen, also

$$\frac{M\,N_M}{M\,O_M} = \frac{v_{N_2}}{0,5\,v_{CO} + v_{CO_2}} = \frac{0,79}{0,21} = 3,7619 \tag{62}$$

$$v_{N_2} = 1,88095\,v_{CO} + \frac{3,7619}{P^{-1} K_{p_B}}\,v_{CO}^2 \tag{63}$$

Führt man Gl. (61) und (63) in Gl. (60) ein und bringt die Gleichung auf Normalform, so wird

$$v_{CO}^2 + 0,605\,P^{-1}\,K_{p_B}\,v_{CO} - 0,21\,P^{-1}\,K_{p_B} = 0 \tag{64}$$

daraus

$$v_{CO} = -\,0,3025\,P^{-1}\,K_{p_B} + \sqrt{(0,3025\,P^{-1}\,K_{p_B}) + 0,21\,P^{-1}\,K_{p_B}} \tag{65}$$

Nach Gl. (61) und (64) wird

$$v_{CO_2} = 0,21 - 0,605\,v_{CO} \tag{66}$$

und

$$v_{N_2} = 1 - v_{CO} - v_{CO_2} \tag{67}$$

Der Brennstoff ergibt sich aus der Kohlenstoffbilanz

$$B\,C_B = v_{CO} + v_{CO_2}$$

zu

$$B = 0,5358\,(v_{CO} + v_{CO_2})\ \text{kg/Nm}^3 \tag{68}$$

und das Vergasungsmittel aus der Stickstoffbilanz

$$M\,N_M = v_{N_2}$$

zu

$$M = \frac{v_{N_2}}{0,79} = 1,26582\,v_{N_2} \tag{69}$$

2. Newton-Traustel-Methode.

Das Prinzip der Methode wurde erstmalig von Traustel[1] angegeben. Es zeichnet sich durch Einfachheit der Bestimmung der sekundären Un-

[1] Traustel, Sergei: Berechnung von Vergasungsgleichgewichten durch Lösung von 2 Gleichungen mit 2 Unbekannten. Z. VDI Bd. 88 (1944), Nr. 51/52, S. 688 bis 690.

bekannten, Übersichtlichkeit und die automatische Konvergenz gegen die gesuchte Lösung für die beiden primären Unbekannten aus. Ein weiterer praktischer Vorteil ist die Möglichkeit, den Rechnungsgang bei der Wiederholung der Rechnung mit verbesserten Schätzwerten bedeutend abzukürzen. In der hier dargestellten Ableitung berücksichtigen wir ferner den Schwefelgehalt des Brennstoffes durch Heranziehung der Schwefelbilanz unter der Annahme, daß aller verbrennlicher Schwefel in Schwefelwasserstoff übergehe. Die Berechtigung einer solchen Annahme wird später geprüft werden, wobei sich zeigt, daß sie in Gegenwart ausreichender Wasserstoffmengen, also in praktisch den meisten Fällen, durchaus berechtigt ist (vgl. S. 64). Auch die Erweiterung auf zwei Schwefelverbindungen, v_{H_2S} und v_{COS}, ergibt, wie an einem späteren Beispiel gezeigt werden soll (vgl. S. 51), noch eine sehr einfache Lösung.

Gegeben sei ein Brennstoff durch C_B, H_B, O_B, S_B, N_B und das Vergasungsmittel durch C_M, H_M, S_M, N_M.

Wir schätzen als primäre Unbekannte die beiden Werte

$$v_{CO} = x \quad \text{und} \quad v_{H_2} = y$$

und bestimmen die sekundären Unbekannten wie folgt: Aus der Gleichgewichtskonstanten der BOUDOUARDschen Reaktion

$$v_{CO_2} = P\,K'_{p_B}\,v_{CO}^2 \tag{70}$$

der heterogenen Wassergasreaktion

$$v_{H_2O} = P\,K'_{p_W}\,v_{CO}\,v_{H_2} \tag{71}$$

der Methanbildungsreaktion

$$v_{CH_4} = P\,K_{p_M}\,v_{H_2}^2 \tag{72}$$

Die Unbekannten B und M beseitigen wir unter Benutzung der Kohlenstoffbilanz

$$B\,C_B + M\,C_M = C_G$$

und der Sauerstoffbilanz

$$B\,O_B + M\,O_M = O_G$$

indem wir die eine Gleichung nach M auflösen und das Ergebnis in die zweite Gleichung einführen, um B zu erhalten, und umgekehrt. Es ergibt sich

$$B = \frac{O_M\,C_G - C_M\,O_G}{C_B\,O_M - C_M\,O_B} \tag{73}$$

$$M = \frac{C_B\,O_G - O_B\,C_G}{C_B\,O_M - C_M\,O_B} \tag{74}$$

Drücken wir ferner den Schwefelwasserstoff- und den Stickstoffgehalt durch schon bekannte Größen aus unter Benutzung der Schwefel- und Stickstoffbilanz

$$v_{H_2S} = S_G = B\,S_B + M\,S_M$$
$$v_{N_2} = N_G = B\,N_B + M\,N_M$$

so haben wir das ganze Gleichungssystem auf zwei Gleichungen mit zwei Unbekannten gebracht. Diese beiden uns verbleibenden Gleichungen sind das Daltonsche Gesetz

$$\varphi = \sum v - 1 = 0 \tag{75}$$

und die Wasserstoffbilanz. Es ist

$$\varphi = v_{CO} + v_{CO_2} + v_{H_2} + v_{H_2O} + v_{CH_4} + v_{H_2S} + v_{N_2} - 1 = 0 \tag{75a}$$

$$\varphi = v_{CO} + P\,K'_{p_B}\,v_{CO}^2 + v_{H_2} + P\,K'_{p_W}\,v_{CO}\,v_{H_2} + P\,K_{p_M}\,v_{H_2}^2 + B\,S_B \atop {} \atop + M\,S_M + B\,N_B + M\,N_M - 1 = 0 \tag{75b}$$

Setzen wir B und M nach Gl. (73), (74) in Gl. (75b) ein, wobei

$$C_G = v_{CO}\,P\,K'_{p_B}\,v_{CO}^2 + P\,K_{p_M}\,v_{H_2}^2$$
$$O_G = 0,5\,v_{CO} + P\,K'_{p_B}\,v_{CO}^2 + 0,5\,P\,K'_{p_W}\,v_{CO}\,v_{H_2}$$

ist, so erhalten wir nach Zusammenfassung und Ordnung aller Glieder

$$\varphi = A\,v_{CO} + B\,P\,K'_{p_B}\,v_{CO}^2 + v_{H_2} + C\,P\,K'_{p_W}\,v_{CO}\,v_{H_2} + D\,K_{p_M}\,v_{H_2}^2 - 1 = 0 \tag{76}$$

Ferner schreiben wir, da sie im weiteren Verlauf der Rechnung benötigt werden, die ersten partiellen Ableitungen von φ nach $x\,(= v_{CO})$ und nach $y\,(= v_{H_2})$ an:

$$\varphi'_x = A + B\,P\,K'_{p_B}\,2\,v_{CO} + C\,P\,K'_{p_W}\,v_{H_2} \tag{77}$$

$$\varphi'_y = 1 + C\,P\,K'_{p_W}\,v_{CO} + D\,P\,K_{p_M}\,2\,v_{H_2} \tag{78}$$

mit

$$A = 1 + \frac{1}{C_B\,O_M - C_M\,O_B}\,[(N_B + S_B)\,O_M - 0,5\,(N_B + S_B)\,C_M \atop {} \atop + 0,5\,(N_M + S_M)\,C_B - (N_M + S_M)\,O_B] \tag{79}$$

$$B = 1 + \frac{1}{C_B\,O_M - C_M\,O_B}\,[(N_B + S_B)\,O_M - (N_B + S_B)\,C_M \atop {} \atop + (N_M + S_M)\,C_B - (N_M + S_M)\,O_B] \tag{80}$$

$$C = 1 + \frac{1}{C_B\,O_M - C_M\,O_B}\,[-0,5\,(N_B + S_B)\,C_M + 0,5\,(N_M + S_M)\,C_B] \tag{81}$$

$$D = 1 + \frac{1}{C_B\,O_M - C_M\,O_B}\,[(N_B + S_B)\,O_M - (N_M + S_M)\,O_B] \tag{82}$$

Die Wasserstoffbilanz — ohne den Schwefelwasserstoff — ergibt sich, indem wir auf beiden Seiten der Bilanzgleichung die Glieder der Schwefelbilanz abziehen:

$$H_G - S_G = B\,(H_B - S_B) + M\,(H_M - S_M) \tag{83}$$

Mit
$$H_G = v_{H_2} + v_{H_2O} + 2\,v_{CH_4} + v_{H_2S}$$

und
$$S_G = v_{H_2S}$$

$$H_G - S_G = v_{H_2} + P\,K'_{p_W}\,v_{CO}\,v_{H_2} + 2\,P\,K_{p_M}\,v_{H_2}^2$$

lautet die Wasserstoffbilanz

$$\psi = (H_G - S_G) - B\,(H_B - S_B) - M\,(H_M - S_M) = 0 \tag{84}$$

und mit B und M nach Gl. (73) und (74), und die Glieder wiederum zweckmäßig zusammengefaßt und geordnet:

$$\psi = v_{H_2} + C^*\,P\,K'_{p_W}\,v_{CO}\,v_{H_2} + D^*\,P\,K_{p_M}\,v_{H_2}^2 - A^*\,v_{CO} - B^*\,P\,K'_{p_B}\,v_{CO}^2 \tag{85}$$

und die ersten partiellen Ableitungen nach x $(= v_{CO})$ und y $(= v_{H_2})$

$$\psi'_x = C^*\,P\,K'_{p_W}\,v_{H_2} - A^* - B^*\,P\,K'_{p_B}\,2\,v_{CO} \tag{86}$$

$$\psi'_y = 1 + C^*\,P\,K'_{p_W}\,v_{CO} + D^*\,P\,K_{p_M}\,2\,v_{H_2} \tag{87}$$

mit

$$A^* = \frac{1}{C_B\,O_M - C_M\,O_B}\,[(H_B - S_B)\,O_M - 0{,}5\,(H_B - S_B)\,C_M$$
$$+ 0{,}5\,(H_M - S_M)\,C_B - (H_M - S_M)\,O_B] \tag{88}$$

$$B^* = \frac{1}{C_B\,O_M - C_M\,O_B}\,[(H_B - S_B)\,O_M - (H_B - S_B)\,C_M$$
$$+ (H_M - S_M)\,C_B - (H_M - S_M)\,O_B] \tag{89}$$

$$C^* = 1 - \frac{1}{C_B\,O_M - C_M\,O_B}\,[-0{,}5\,(H_B - S_B)\,C_M + 0{,}5\,(H_M - S_M)\,C_B] \tag{90}$$

$$D^* = 2 - \frac{1}{C_B\,O_M - C_M\,O_B}\,[(H_B - S_B)\,O_M - (H_M - S_M)\,O_B] \tag{91}$$

Die dargestellten Ausdrücke würden sich erheblich vereinfachen, wenn der Brennstoff als reiner Kohlenstoff aufgefaßt werden könnte, also mit $H_B = O_B = S_B = N_B = 0$, und das Vergasungsmittel nur aus Sauerstoff, Wasserdampf und Stickstoff besteht, also $C_M = S_M = 0$. Es wird dann

$$A = 1 + 0{,}5\,(N_M/O_M) \tag{92} \qquad\qquad A^* = 0{,}5\,(H_M/O_M) \tag{96}$$

$$B = 1 + N_M/O_M \tag{93} \qquad\qquad\qquad B^* = H_M/O_M \tag{97}$$

$$C = 1 + 0{,}5\,(N_M/O_M) \tag{94} \qquad\qquad C^* = 1 - 0{,}5\,(H_M/O_M) \tag{98}$$

$$D = 1 \tag{95} \qquad\qquad\qquad\qquad\quad D^* = 2 \tag{99}$$

Nach einer vorbereitenden Rechnung zur Ermittlung der Faktoren $A, B, \ldots . D^*$ und nach Schätzung von $x = v_{CO}$, $y = v_{H_2}$ wird φ und ψ errechnet. Wie zu erwarten, wird zunächst

$$\varphi(x, y) \neq 0 \qquad\qquad \psi(x, y) \neq 0$$

sein, während die gesuchten Werte x_0 und y_0 die Bedingung

$$\varphi(x_0, y_0) = 0 \qquad\qquad \psi(x_0, y_0) = 0$$

erfüllen müssen.

Das Newtonsche Näherungsverfahren[1][2] geht von folgender Überlegung aus: Ist x eine Näherungslösung der Funktion $f(x)$, so ergibt sich aus der Definition des Differentialquotienten und seiner geometrischen Deutung

$$\mathrm{tg}\,\alpha = \frac{f(x)}{x - x_1} = f'(x) \qquad (100)$$

daraus

$$x_1 = x - \frac{f(x)}{f'(x)} \qquad (101)$$

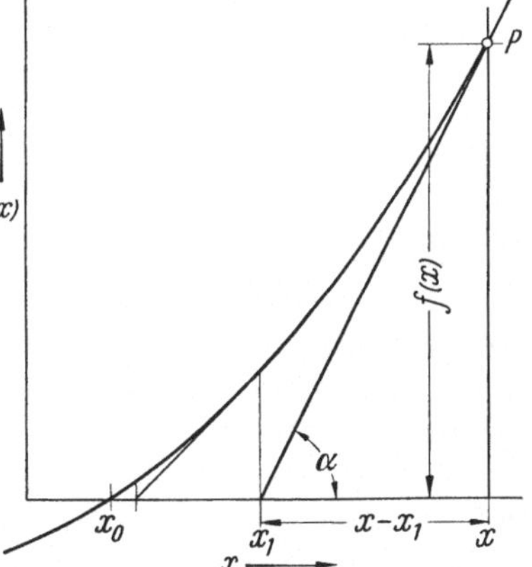

Abb. 1. Darstellung des Newtonschen Näherungsverfahrens.

vgl. Abb. 1. Gehen wir schrittweise auf die richtige Lösung $f(x) = 0$, den Schnittpunkt von $f(x)$ mit der Abszissenachse zu, so wird

$$x_0 - x = dx = \frac{-f(x)}{f'(x)} \qquad (102)$$

$$f'(x)\,dx = -f(x) \qquad (103)$$

In unserem Falle haben wir die Funktionen φ und ψ von den beiden Veränderlichen x und y. Die vollständigen Differentiale lauten in abgekürzter Schreibweise $\left(\dfrac{\partial\varphi}{\partial x} = \varphi'_x \text{ usw.}\right)$.

$$d\varphi = \varphi'_x\,dx + \varphi'_y\,dy \qquad (104)$$

$$d\psi = \psi''_x\,dx + \psi'_y\,dy \qquad (105)$$

---

[1] Runge, C. u. H. König: Vorlesungen über numerisches Rechnen. (Die Grundlehren der mathematischen Wissenschaften in Einzeldarstellungen mit besonderer Berücksichtigung der Anwendungsgebiete, Bd. XI), S. 152/155, 177/182. Berlin: Springer 1924. — Scarborough, James B.: Numerical Analysis. Baltimore, London u. Oxford, John Hopkins Press, Humphrey & Milford, Oxford Univ. Press, 1930, S. 179—184.

[2] Im anglo-amerikanischen Schrifttum wird diese Methode nach einem Vorschlag von Cajori als die „Newton-Raphson-Methode" bezeichnet, da zwar das Prinzip auf Newton, die Ausarbeitung der Methode aber auf Raphson (1690) zurückgeht. Vgl. Florian Cajori: A History of Mathematics, 2. Aufl., S. 203. New York u. London: The McMillan Co. 1919. Auch Am. Mathem. Monthly 18, 29—33 (1911).

Gl. (103) lautet dann

$$\varphi'_x \, dx + \varphi'_y \, dy = - \varphi \, (x, y) \tag{106}$$

$$\psi'_x \, dx + \psi'_y \, dy = - \psi \, (x, y) \tag{107}$$

Beide Gleichungen nach dx und dy aufgelöst, zweckmäßig unter Benutzung von Determinanten, und durch Übergang von den infinitesimalen Änderungen dx, dy zu den endlichen Änderungen $x_0 - x$, $y_0 - y$, erhalten wir die Lösung

$$x_0 - x = \begin{vmatrix} -\varphi & \varphi'_y \\ -\psi & \psi'_y \end{vmatrix} : \begin{vmatrix} \varphi'_x & \varphi'_y \\ \psi'_x & \psi'_y \end{vmatrix} = \frac{\psi \, \varphi'_y - \varphi \, \psi'_y}{\varphi'_x \, \psi'_y - \psi'_x \, \varphi'_y} \tag{108}$$

$$y_0 - y = \begin{vmatrix} \varphi'_x & -\varphi \\ \psi'_x & -\psi \end{vmatrix} : \begin{vmatrix} \varphi'_x & \varphi'_y \\ \psi'_x & \psi'_y \end{vmatrix} = \frac{\varphi \, \psi'_x - \psi \, \varphi'_x}{\varphi'_x \, \psi'_y - \psi'_x \, \varphi'_y} \tag{109}$$

Mit diesen Verbesserungen der Ausgangs-Schätzwerte erhält man nunmehr verbesserte Schätzwerte x_1, y_1, mit denen die Berechnung wiederholt wird usf., bis der gewünschte Genauigkeitsgrad erreicht ist.

Zur Durchführung der numerischen Rechnung seien einige Hinweise gegeben. Es ist zweckmäßig, zunächst das ganze Rechenschema für φ, φ'_x, φ'_y, ψ, ψ_x, ψ'_y niederzuschreiben, ehe man mit den Rechenoperationen beginnt, weil sich Multiplikationen mit den gleichen Faktoren mehrfach wiederholen, auch treten die gleichen Produkte in ψ wie in φ, in ψ'_x wie in φ_x und in ψ'_y wie in φ'_y auf, können also von dort übernommen werden. Schließlich zeigt sich, daß bei nicht ganz aus dem Rahmen fallenden Anfangsschätzwerten die ersten Ableitungen φ'_x, φ'_y, ψ'_x, ψ'_y durch die Verbesserungen kaum verändert werden, so daß man diese Werte nicht neu zu berechnen braucht. In Gl. (108) und (109) ist es zweckmäßig, erst den in beiden Gleichungen gleichlautenden Nenner zu berechnen und φ'_y, ψ'_y, ψ'_x, φ'_x der Reihe nach mit 1/Nenner zu multiplizieren; man hat dann in den Wiederholungsrechnungen nur noch zwei einfache Multiplikationen je Gleichung durchzuführen. Auch bei den vorbereitenden Rechnungen gilt der gleiche Grundsatz, da sich auch hier mehrere Operationen wiederholen. Die Glieder in der eckigen Klammer bei A kommen in B, C und D wieder vor, usw., die Faktoren vor den eckigen Klammern sind alle gleich — Gl. (79) bis (82) und (88) bis (91) — und kehren auch in den Nennern der Gl. (73) und (74) wieder.

Bei zweckmäßiger Anordnung des Rechenschemas und Ausnutzung aller Vorteile ist diese Methode, besonders bei Benutzung der Rechenmaschine, so verwickelt sie dem Anfänger zunächst erscheinen mag, sehr einfach und mit sehr mäßigem Zeitaufwand durchzuführen.

Eine strengere Lösung, d. h. ohne schrittweise Näherung, wäre im Prinzip möglich, wenn Δx und Δy in einem Schritt bis zur Endlösung gebracht werden könnte. Entwickelt man

$$\varphi(x + \Delta x, \ y + \Delta y) = 0$$

$$\psi(x + \Delta x, \ y + \Delta y) = 0$$

als TAYLORsche Reihe, so ergibt sich

$$\varphi(x + \Delta x, y + \Delta y) = \varphi(x) + \varphi'_x \Delta x + \varphi'_y \Delta y + \frac{1}{2} \varphi''_{x,x} \Delta x^2$$
$$+ \varphi''_{x,y} \Delta x \Delta y + \frac{1}{2} \varphi''_{y,y} \Delta y^2 + \cdots = 0 \tag{110}$$

$$\psi(x + \Delta x, y + \Delta y) = \psi(x) + \psi'_x \Delta x + \psi'_y \Delta y + \frac{1}{2} \psi''_{x,x} \Delta x^2$$
$$+ \psi''_{x,y} \Delta x \Delta y + \frac{1}{2} \psi''_{y,y} \Delta y^2 + \cdots = 0 \tag{111}$$

Höhere Potenzen als 2 treten nicht auf, das Restglied ist vernachlässigbar, da Δx sehr klein ist im Verhältnis zu x. Die zweiten partiellen Ableitungen nach x und y, $\varphi''_{x,x}$, $\varphi''_{x,y}$ usf. geben bei den hier vorliegenden Funktionen sehr einfache Ausdrücke, nämlich Konstanten. Dagegen kommt man mit Gl. (110) und (111) auf ein System von 2 quadratischen Gleichungen mit 2 Unbekannten. Wenn auch dessen Lösung durch sukzessive Eliminierung der Potenzen im Prinzip möglich ist, so wäre sie doch zu umständlich und zu zeitraubend. Dies führt uns zur Vernachlässigung der Glieder der zweiten Potenz und kommen damit zu der vorher beschriebenen schrittweisen Lösung.

Man kann indessen als eine näherungsweise Berücksichtigung der vernachlässigten Glieder nach Berechnung von $(x_1 - x)$ und $(y_1 - y)$ eine Korrektur von

$$k = - q \left[(x_1 - x)^2 + (x_1 - x)(y_1 - y) + (y_1 - y)^2 \right] \tag{112}$$

anbringen. Der „verbesserte" Schätzwert lautet dann

$$x_0 = x + [(x_1 - x) - k] \tag{113}$$

$$y_0 = y + [(y_1 - y) - k] \tag{114}$$

Der Faktor q ist eine verwickelte Funktion von φ und ψ, nimmt also für jeden praktischen Fall einen anderen Wert an, wird sich aber innerhalb eines Falles wenig verändern. Man kann daher q zunächst abschätzen bzw. nach Durchführung einer vollständigen Rechnung q rückwärts bestimmen und für folgende Rechnungen benutzen.

3. Das Newton-Verfahren mit drei primären Unbekannten.

Diese Methode gestattet, alle nur denkbaren Gasbestandteile[1] zu berücksichtigen. Wie zu erwarten, erfordert dieses System mit einer so großen Zahl von Unbekannten einen erheblich größeren Aufwand bei der numerischen Durchführung. Hingegen erscheint es grundsätzlich notwendig, diesen Fall zu behandeln und eine Lösung mit noch wirtschaftlich verträglichem Rechenaufwand darzubieten, um festzustellen, ob und welche Vereinfachungen unbeschadet der Genauigkeit und Verläßlichkeit des Ergebnisses getroffen werden können. Solche vereinfachten, d. h. auf eine geringere Zahl von Gasbestandteilen beschränkten Methoden werden anschließend behandelt werden.

Wir betrachten ein Gas der Zusammensetzung v_{CO}, v_{CO_2}, v_{H_2}, v_{H_2O}, v_{CH_4}, v_{H_2S}, v_{COS}, v_{SO_2}, v_{CS_2}, v_{S_2}. und v_{N_2}, dazu kommen die beiden Unbekannten B und M, insgesamt also ein System von 13 Unbekannten. Mit drei primären Unbekannten (beliebiger Wahl)[2], z. B. $x = v_{CO}$, $y = v_{H_2}$, $z = v_{H_2S}$ ergeben sich v_{CO_2}, v_{H_2O} und v_{CH_4} in gleicher Weise wie bei der vorher beschriebenen Methode [s. Gl. (70) bis (72)], ferner

$$v_{COS} = K_{COS}^* \, \frac{v_{CO} \, v_{H_2S}}{v_{H_2}} \tag{115}$$

$$v_{SO_2} = P \, K_{p\,SO_2}^* \, \frac{v_{H_2S} \, v_{CO}^2}{v_{H_2}} \tag{116}$$

$$v_{S_2} = P K_{p\,S_2}^* \, \frac{v_{H_2S}^2}{v_{H_2}^2} \tag{117}$$

$$v_{CS_2} = P^{-1} K_{CS_2}^* \, \frac{v_{H_2S}^2}{v_{H_2}^2} \tag{118}$$

Die K^*-Werte sind durch geeignete Kombinationen der Gleichgewichtskonstanten entstanden, wie S. 91 angegeben.

Der Stickstoffgehalt wird aus der Stickstoffbilanz errechnet, damit werden B und M in die Gleichungen eingeführt, die wiederum nach Gl. (73), (74) aus der Kohlenstoff- und Sauerstoffbilanz bestimmt werden. Zu beachten ist, daß die Kohlenstoffbilanz um die Werte COS, CS_2 und die Sauerstoffbilanz durch COS, SO_2 entsprechend erweitert wird.

---

[1] Von den Stickstoffverbindungen NH_3, HCN, C_2N_2 usw. sehen wir hier ab (vgl. S. 59), da sie ohnehin ohne merkliche Rückwirkung auf die übrigen Gasbestandteile sind.

[2] Zweckmäßig wählt man solche Gasbestandteile als primäre Unbekannte, die in möglichst großem Prozentsatz vorhanden sind, um nicht unbequem kleine Werte in die Gleichungen einzuführen. Die Wahl von H_2S als dritte primäre Unbekannte ist daher naheliegend. Nur in Fällen, wo sehr wenig oder kein Wasserstoff zugegen ist, wird man v_{COS} oder v_{S_2} als dritte Unbekannte bevorzugen. Das entsprechende Formelsystem ist im Anhang (S. 93) auch für diese Fälle angegeben.

Die drei verbleibenden Gleichungen mit den drei Unbekannten $x = v_{CO}$, $y = v_{H_2}$ und $z = v_{H_2S}$ sind das Daltonsche Gesetz

$$\varphi = \Sigma\, v - 1 = 0 \qquad (119)$$

die Wasserstoffbilanz

$$\psi = H_G - B\,H_B - M\,H_M = 0 \qquad (120)$$

und die Schwefelbilanz

$$\chi = S_G - B\,S_B - M\,S_M = 0 \qquad (121)$$

Darin ist

$$H_G = v_{H_2} + v_{H_2O} + 2\,v_{CH_4} + v_{H_2S}$$

und

$$S_G = v_{H_2S} + v_{COS} + v_{SO_2} + 2\,v_{S_2} + 2\,v_{CS_2}$$

Führen wir wiederum B und M nach Gl. (73), (74) in die Gleichungen (119) bis (121) ein, lösen alle Klammern auf und ordnen die Glieder nach den primären Unbekannten, so erhalten wir die folgenden Gleichungen mit ihren ersten partiellen Ableitungen nach x, y und z:

$$\varphi = A\,v_{CO} + B\,P\,K'_{p_B}\,v_{CO}^2 + v_{H_2} + C\,P\,K'_{p_W}\,v_{CO}\,v_{H_2} + D\,P\,K_{p_M}\,v_{H_2}^2$$
$$+ v_{H_2S} + E\,K^*_{COS}\,\frac{v_{CO}\,v_{H_2S}}{v_{H_2}} + F\,P^{-1}\,K^*_{p_{CS_2}}\,\frac{v_{H_2S}^2}{v_{H_2}^2}$$
$$+ P^{-1}\,K^*_{p_{S_2}}\,\frac{v_{H_2S}^2}{v_{H_2}^2} + G\,P\,K^*_{p_{SO_2}}\,\frac{v_{H_2S}\,v_{CO}^2}{v_{H_2}} - 1 \qquad (122)$$

$$\varphi'_x = A + B\,P\,K'_{p_B}\,2\,v_{CO} + C\,P\,K'_{p_W}\,v_{H_2} + E\,K^*_{COS}\,\frac{v_{H_2S}}{v_{H_2}}$$
$$+ G\,P\,K^*_{p_{SO_2}}\,\frac{v_{H_2S}}{v_{H_2}}\,2\,v_{CO} \qquad (123)$$

$$\varphi'_y = 1 + C\,P\,K'_{p_W}\,v_{CO} + D\,P\,K_{p_M}\,2\,v_{H_2} - E\,K^*_{COS}\,\frac{v_{CO}\,v_{H_2S}}{v_{H_2}^2}$$
$$- F\,P^{-1}\,K^*_{p_{CS_2}}\,\frac{2\,v_{H_2S}^2}{v_{H_2}^3} - P^{-1}\,K^*_{p_{S_2}}\,\frac{2\,v_{H_2S}^2}{v_{H_2}^3} - G\,P\,K^*_{p_{SO_2}}\,\frac{v_{H_2S}\,v_{CO}^2}{v_{H_2}^2} \qquad (124)$$

$$\varphi'_z = 1 + E\,K^*_{COS}\,\frac{v_{CO}}{v_{H_2}} + F\,P^{-1}\,K^*_{p_{CS_2}}\,\frac{2\,v_{H_2S}}{v_{H_2}^2} + P^{-1}\,K^*_{p_{S_2}}\,\frac{2\,v_{H_2S}}{v_{H_2}^2}$$
$$+ G\,P\,K^*_{p_{SO_2}}\,\frac{v_{CO}^2}{v_{H_2}} \qquad (125)$$

mit

$$A = 1 + \frac{1}{C_B\,O_M - C_M\,O_B}\,[O_M\,N_B - 0{,}5\,C_M\,N_B + 0{,}5\,C_B\,N_M - O_B\,N_M] \qquad (126)$$

$$B = 1 + \frac{1}{C_B\,O_M - C_M\,O_B}\,[O_M\,N_B - C_M\,N_B + C_B\,N_M - O_B\,N_M] \qquad (127)$$

$$C = 1 + \frac{1}{C_B\,O_M - C_M\,O_B}\,[- 0{,}5\,C_M\,N_B + 0{,}5\,C_B\,N_M] \qquad (128)$$

$$D = 1 + \frac{1}{C_B\,O_M - C_M\,O_B}\,[O_M\,N_B - O_B\,N_M] \tag{129}$$

$$E = A \tag{130} \qquad\qquad F = D \tag{131}$$

$$G = 1 + (B - D) = 1 + \frac{1}{C_B\,O_M - C_M\,O_B}\,[C_M\,N_B + C_B\,N_M] \tag{132}$$

$$\begin{aligned}
\psi = {}& v_{H_2} + C^*\,P\,K'_{p_W}\,v_{CO}\,v_{H_2} + D^*\,P\,K_{p_M}\,v_{H_2}^2 + v_{H_2S} - A^*\,v_{CO} \\[4pt]
& - B^*\,P\,K'_{p_B}\,v_{CO}^2 - E^*\,K^*_{COS}\,\frac{v_{CO}\,v_{H_2S}}{v_{H_2}} - F^*\,P^{-1}\,K^*_{p_{CS_2}}\,\frac{v_{H_2S}^2}{v_{H_2}^2} \\[4pt]
& - G^*\,P\,K^*_{p_{SO_2}}\,\frac{v_{CO}^2\,v_{H_2S}}{v_{H_2}}
\end{aligned} \tag{133}$$

$$\begin{aligned}
\psi'_x = {}& C^*\,P\,K'_{p_W}\,v_{H_2} - A^* - B^*\,P\,K'_{p_B}\,2\,v_{CO} - E^*\,K^*_{COS}\,\frac{v_{H_2S}}{v_{H_2}} \\[4pt]
& - G^*\,P\,K^*_{p_{SO_2}}\,\frac{2\,v_{CO}\,v_{H_2S}}{v_{H_2}}
\end{aligned} \tag{134}$$

$$\begin{aligned}
\psi'_y = {}& 1 + C^*\,P\,K'_{p_W}\,v_{CO} + D^*\,P\,K_{p_M}\,2\,v_{H_2} + E^*\,K^*_{COS}\,\frac{v_{CO}\,v_{H_2S}}{v_{H_2}^2} \\[4pt]
& + F^*\,P^{-1}\,K^*_{p_{CS_2}}\,\frac{2\,v_{H_2S}^2}{v_{H_2}^3} + G^*\,P\,K^*_{p_{SO_2}}\,\frac{v_{CO}^2\,v_{H_2S}}{v_{H_2}^2}
\end{aligned} \tag{135}$$

$$\psi'_z = 1 - E^*\,K^*_{COS}\,\frac{v_{CO}}{v_{H_2}} - F^*\,P^{-1}\,K^*_{p_{CS_2}}\,\frac{2\,v_{H_2S}}{v_{H_2}^2} - G^*\,P\,K_{p_{SO_2}}\,\frac{v_{CO}^2}{v_{H_2}} \tag{136}$$

mit

$$A^* = \frac{1}{C_B\,O_M - C_M\,O_B}\,[O_M\,H_B - 0{,}5\,C_M\,H_B + 0{,}5\,C_B\,H_M - O_B\,H_M] \tag{137}$$

$$B^* = \frac{1}{C_B\,O_M - C_M\,O_B}\,[O_M\,H_B - C_M\,H_B + C_B\,H_M - O_B\,H_M] \tag{138}$$

$$C^* = 1 - \frac{1}{C_B\,O_M - C_M\,O_B}\,[- 0{,}5\,C_M\,H_B + 0{,}5\,C_B\,H_M] \tag{139}$$

$$D^* = 2 - \frac{1}{C_B\,O_M - C_M\,O_B}\,[O_M\,H_B - O_B\,H_M] \tag{140}$$

$$E^* = A^* \tag{141}$$

$$F^* = \frac{1}{C_B\,O_M - C_M\,O_B}\,[O_M\,H_B - O_B\,H_M] = 2 - D^* \tag{142}$$

$$G^* = \frac{1}{C_B\,O_M - C_M\,O_B}\,[- C_M\,H_B + C_B\,H_M] = B^* - F^* \tag{143}$$

$$\begin{aligned}
\chi = {}& v_{H_2S} + E^{**}\,K^*_{COS}\,\frac{v_{CO}\,v_{H_2S}}{v_{H_2}} + F^{**}\,P^{-1}\,K^*_{p_{CS_2}}\,\frac{v_{H_2S}^2}{v_{H_2}^2} \\[4pt]
& + 2\,P^{-1}\,K^*_{p_{S_2}}\,\frac{v_{H_2S}^2}{v_{H_2}^2} + G^{**}\,P\,K^*_{p_{SO_2}}\,\frac{v_{CO}^2\,v_{H_2S}}{v_{H_2}} - A^{**}\,v_{CO} \\[4pt]
& - B^{**}\,P\,K'_{p_B}\,v_{CO}^2 - C^{**}\,P\,K'_{p_W}\,v_{CO}\,v_{H_2} - D^{**}\,P\,K_{p_M}\,v_{H_2}^2
\end{aligned} \tag{144}$$

$$\chi'_x = E^{**} K^*_{COS} \frac{v_{H_2S}}{v_{H_2}} + G^{**} P K^*_{p SO_2} \frac{2 v_{CO} v_{H_2S}}{v_{H_2}} - A^{**}$$
$$- B^{**} P K'_{p_B} 2 v_{CO} - C^{**} P K'_{p_W} v_{H_2} \qquad (145)$$

$$\chi'_y = - E^{**} K^*_{COS} \frac{v_{CO} v_{H_2S}}{v^2_{H_2}} - F^{**} P^{-1} K^*_{p CS_2} \frac{2 v^2_{H_2S}}{v^3_{H_2}}$$
$$- 2 P^{-1} K^*_{p S_2} \frac{2 v^2_{H_2S}}{v^3_{H_2}} + G^{**} P K^*_{p SO_2} \frac{v^2_{CO} v_{H_2S}}{v^2_{H_2}}$$
$$- C^{**} P K'_{p_W} v_{CO} - D^{**} P K_{p_M} v^2_{H_2} \qquad (146)$$

$$\chi'_z = 1 + E^{**} K^*_{COS} \frac{v_{CO}}{v_{H_2}} + F^{**} P^{-1} K^*_{p CS_2} \frac{2 v_{H_2S}}{v^2_{H_2}}$$
$$+ 2 P^{-1} K^*_{p S_2} \frac{2 v_{H_2S}}{v^2_{H_2}} + G^{**} P K_{p SO_2} \frac{v^2_{CO}}{v_{H_2}} \qquad (147)$$

mit

$$A^{**} = \frac{1}{C_B O_M - C_M O_B} [O_M S_B - 0{,}5 C_M S_B + 0{,}5 C_B S_M - O_B S_M] \qquad (148)$$

$$B^{**} = \frac{1}{C_B O_M - C_M O_B} [O_M S_B - C_M S_B + C_B S_M - O_B S_M] \qquad (149)$$

$$C^{**} = \frac{1}{C_B O_M - C_M O_B} [- 0{,}5 C_M S_B + 0{,}5 C_B S_M] \qquad (150)$$

$$D^{**} = \frac{1}{C_B O_M - C_M O_B} [O_M S_B - O_B S_M] \qquad (151)$$

$$E^{**} = 1 - A^{**} \qquad (152) \qquad\qquad F^{**} = 2 - D^{**} \qquad (153)$$

$$G^{**} = 1 - \frac{1}{C_B O_M - C_M O_B} [- C_M S_B + C_B S_M] = 1 - (B^{**} - D^{**}) \qquad (154)$$

Wir gelangen zur Lösung des Gleichungssystems, indem wir nach dem NEWTONschen Näherungsverfahren die Gleichungen

$$\varphi'_x d x + \varphi'_y d y + \varphi'_z d z = - \varphi \qquad (155)$$
$$\psi'_x d x + \psi'_y d y + \psi'_z d z = - \psi \qquad (156)$$
$$\chi'_x d x + \chi'_y d y + \chi'_z d z = - \chi \qquad (157)$$

nach $d x$, $d y$ und $d z$ lösen. Unter Benutzung von Determinanten können wir die Lösung unmittelbar aus der Determinante ablesen. Es ist, wenn wir außerdem φ, ψ und χ im Zähler ausklammern:

$$x_0 - x = d x = \begin{vmatrix} - \varphi & \varphi'_y & \varphi'_z \\ - \psi & \psi'_y & \psi'_z \\ - \chi & \chi'_y & \chi'_z \end{vmatrix} : \begin{vmatrix} \varphi'_x & \varphi'_y & \varphi'_z \\ \psi'_x & \psi'_y & \psi'_z \\ \chi'_x & \chi'_y & \chi'_z \end{vmatrix}$$

$$= \frac{\varphi (\chi'_y \psi'_z - \psi'_y \chi'_z) + \psi (\chi_z \varphi'_y - \varphi'_z \chi'_y) + \chi (\psi'_y \varphi'_z - \varphi'_y \psi'_z)}{\varphi'_x \psi'_y \chi'_z + \varphi'_y \psi'_z \chi'_x + \varphi'_z \psi'_x \chi'_y - \chi'_x \psi'_y \varphi'_z - \chi'_y \psi'_z \varphi'_x - \chi'_z \psi'_x \varphi'_y} \qquad (158)$$

$$y_0 - y = dy = \begin{vmatrix} \varphi_x' & -\varphi & \varphi_z' \\ \psi_x' & -\psi & \psi_z' \\ \chi_x' & -\chi & \chi_z' \end{vmatrix} : \begin{vmatrix} \varphi_x' & \varphi_y' & \varphi_z' \\ \psi_x' & \psi_y' & \psi_z' \\ \chi_x' & \chi_y' & \chi_z' \end{vmatrix} \tag{159}$$

$$= \frac{\varphi\,(\chi_z'\,\psi_x' - \psi_z'\,\chi_z') + \psi\,(\chi_x'\,\varphi_z' - \varphi_x'\,\chi_z') + \chi\,(\psi_z'\,\varphi_x' - \varphi_z'\,\psi_z')}{\varphi_x'\,\psi_y'\,\chi_z' + \varphi_y'\,\psi_z'\,\chi_x' + \varphi_z'\,\psi_x'\,\chi_y' - \chi_x'\,\psi_y'\,\varphi_z' - \chi_y'\,\psi_z'\,\varphi_x' - \chi_z'\,\psi_x'\,\varphi_y'}$$

$$z_0 - z = dz = \begin{vmatrix} \varphi_x' & \varphi_y' & -\varphi \\ \psi_x' & \psi_y' & -\psi \\ \chi_x' & \chi_y' & -\chi \end{vmatrix} : \begin{vmatrix} \varphi_x' & \varphi_y' & \varphi_z' \\ \psi_x' & \psi_y' & \psi_z' \\ \chi_x' & \chi_y' & \chi_z' \end{vmatrix} \tag{160}$$

$$= \frac{\varphi\,(\chi_x\,\psi_y' - \psi_x'\,\chi_y') + \psi\,(\psi_y'\,\varphi_x' - \varphi_y'\,\chi_x') + \chi\,(\psi_x'\,\varphi_y' - \varphi_x'\,\psi_y')}{\varphi_x'\,\psi_y'\,\chi_z' + \varphi_y'\,\psi_z'\,\chi_x' + \varphi_z'\,\psi_x'\,\chi_y' - \chi_x'\,\psi_y'\,\varphi_z' - \chi_y'\,\psi_z'\,\varphi_x' - \chi_z'\,\psi_x'\,\varphi_y'}$$

Mit diesen Verbesserungen der Ausgangsschätzung gewinnen wir neue Werte für x, y, z, mit denen wir die Rechnung so lange wiederholen, bis der gewünschte Genauigkeitsgrad erreicht ist.

Was S. 36 über die Ökonomie des numerischen Rechnens gesagt worden ist, gilt hier in ganz besonderem Maße. Es macht sich mitunter überdies bezahlt, zunächst ein vereinfachtes Verfahren — z. B. mit der Annahme, daß aller Schwefel in Schwefelwasserstoff übergehe — durchzurechnen, welches dann gut liegende Schätzwerte für v_{CO}, v_{H_2}, und v_{H_2S} für das ausführlichere Verfahren liefert. Haben wir nach der vereinfachten Methode die Werte v_{CO}, v_{H_2}, und v_{H_2S} erhalten, so wählen wir für die vorliegende Methode H_2S etwas kleiner, und zwar[1]

$$z = v_{H_2S} = \frac{v_{H_2S}^*}{1 + K_{COS}^* \dfrac{v_{CO}^*}{v_{H_2}^*}} \tag{161}$$

was dann nur noch sehr geringer Korrekturen für den Einfluß der CS_2-, S_2- und SO_2-Gehaltes bedarf, so daß die Lösung schnell konvergiert.

4. Die BRINKLEYsche Methode.

BRINKLEY hat für die Berechnung komplexer Gasgleichgewichte mit zahlreichen Komponenten ein Verfahren angegeben[2], das im Prinzip mit der vorher beschriebenen Methode identisch ist, obwohl es in vielen Einzelheiten abweicht. Es eignet sich besonders für die Berechnung von Gasgemischen (z. B. dissoziierenden Gasen) und kann auf Grund der

---

[1] Vgl. die S. 31—36 beschriebene Methode.

[2] BRINKLEY, JR. STUART R.: Note on the conditions of equilibrium for systems of many constituents. J. Chem. Phys. Bd. 14 (1946), Nr. 9, S. 563—564. — BRINKLEY, JR. STUART R.: Calculation of the equilibrium composition of systems of many constituents. J. Chem. Phys. Bd. 15 (1947), Nr. 2, S. 107—110. — KANDINER, HAROLD J. u. STUART R. BRINKLEY, JR.: Calculation of complex equilibrium relations. Ind. Eng. Chem. Bd. 42 (1950), Nr. 5, S. 850—855.

gegebenen Vorschriften für die Aufstellung von Tafeln für die Änderung der Molzahlen und die Gleichgewichtsbedingungen auch von angelernten Kräften durchgeführt werden. Vor allem eignet sich das Verfahren zur Lösung der umfangreichen Zahlenrechnungen auf Lochkarten-Maschinen.

Im Prinzip wird ein System linearer Gleichungen aufgestellt, welches die Stoffbilanzen, die Gleichgewichtsbedingungen und das DALTONsche Gesetz darstellen, und nach der NEWTON-RAPHSON-Methode gelöst. Die feste Phase muß dabei als eine der primären Unbekannten gewählt werden. Bei einem System, das in fester Phase C, H_2, O_2, N_2 und S enthält, sind demnach mindestens sechs Gleichungen notwendig, was den Rechnungsgang, auch bei Anwendung von abgekürzten Rechnungsverfahren, wie die von BRINKLEY empfohlene Methode von CROUT[1], bedeutend verlängert.

Zu einer einfacheren Lösung kommt man dagegen, wenn das abgekürzte Rechnungsverfahren auf die Lösung des Systems von drei Gleichungen mit drei Unbekannten angewandt wird, das wir vorher behandelt haben (s. S. 38). Es läßt sich damit, trotz einer gewissen Verschiebung von vorbereitender und eigentlicher Rechenarbeit ein Minimum an Zeitaufwand erzielen.

5. Abgekürzte numerische Lösung von linearen Gleichungen mit mehreren Unbekannten.

Die Lösung der in den vorhergehenden Kapiteln beschriebenen Verfahren ist zwar grundsätzlich nicht schwierig, aber die numerische Durchrechnung ist außerordentlich zeitraubend. Eine zweckmäßigere Methode ist das „abgekürzte GAUSS-Verfahren" nach BANACHIEWICZ[2] oder das damit identische Verfahren von CROUT[1]. Das Verfahren soll — auf den hier vorliegenden Fall zugeschnitten — für ein System von drei linearen Gleichungen mit drei Unbekannten dargestellt werden; es ist jedoch im Prinzip für eine beliebig große Zahl von Unbekannten brauchbar. Der Vorteil seiner Anwendung wächst mit der Zahl der

---

[1] CROUT, PRESCOTT D.: A short method for evaluating determinants and solving systems of linear equations with real and complex coefficients. A. I. E. E. Trans. Bd. 60 (1941), S. 1235—1241. — Die Methode von CROUT ist offenbar ohne Kenntnis der früheren Veröffentlichung von BANACHIEWICZ entstanden. Beide fußen auf dem GAUSSschen Lösungsverfahren und laufen auf die gleiche Rechenvorschrift hinaus. Ein kleiner Unterschied liegt in der definitionsbedingten Vorzeichensetzung. Wir werden im folgenden dem BANACHIEWICZschen Vorschlag folgen.

[2] BANACHIEWICZ, TH.: Méthode de résolution numérique des équations linéaires, du calcul des déterminants et des inverses et de réduction des formes quadratiques. Bull. internat. Acad. Polon. Sci. Sér. A (1938), S. 393—404 (zitiert nach Fußnote 3). [3] ZURMÜHL, RUDOLF: Matrizen. Eine Darstellung für Ingenieure, S. 248—258. Berlin: Springer 1950.

Unbekannten[1]. Ein anderer Vorteil ist die einfache Möglichkeit einer laufenden Rechenkontrolle, was bei umfangreichen Zahlenrechnungen stets sehr erwünscht ist.

Wir betrachten das folgende System linearer Gleichungen

$$a_{11}\,x + a_{12}\,y + a_{13}\,z = a_{14}$$
$$a_{21}\,x + a_{22}\,y + a_{23}\,z = a_{24} \tag{162}$$
$$a_{31}\,x + a_{32}\,y + a_{33}\,z = a_{34}$$

Die Koeffizienten schreiben wir als Matrix, d. h. in Tabellenform, folgendermaßen:

$$A = \begin{pmatrix} a_{11} & a_{12} & a_{13} & a_{14} \\ a_{21} & a_{22} & a_{23} & a_{24} \\ a_{31} & a_{32} & a_{33} & a_{34} \end{pmatrix}$$
$$-\,\Sigma = \;-a_{01} \quad -a_{02} \quad -a_{03} \quad -a_{04}$$

Für die spätere Probe können wir noch die Spaltensumme a_{0k} hinzufügen (unterste Zeile), die wir mit negativem Vorzeichen versehen, so daß die Probe a_{ik} für jede Spalte (k) Null ergibt, wenn wir die Kontrollzeile in die Matrix einbeziehen.

Wir bilden sodann eine Hilfsmatrix, die CB-Matrix

$$CB = \begin{pmatrix} c_{11} & b_{12} & b_{13} & b_{14} \\ c_{21} & c_{22} & b_{23} & b_{24} \\ c_{31} & c_{32} & c_{33} & b_{34} \\ c_{01} & c_{02} & c_{03} & \end{pmatrix}$$

nach folgender allgemeiner Rechenvorschrift[2]

1. $\quad c_{i1} = a_{i1}$ $\hfill (163)$

2. $\quad b_{1k} = a_{1k} : (- a_{11})$ $\hfill (164)$

3. $\quad b_{ik} = (a_{ik} + c_{i1}\,b_{1k} + c_{i2}\,b_{2k} \cdots + c_{i,\,i-1}\,b_{i-1,\,k}) : (- c_{ii})$ $\hfill (165)$

4. $\quad c_{ik} = a_{ik} + c_{i1}\,b_{1k} + c_{i2}\,b_{2k} + \cdots + c_{i,\,k-1}\,b_{k-1,\,k}$ $\hfill (166)$

$$\text{für } i = k$$

---

[1] DWYER, PAUL S.: Linear Computations. New York und London 1951, John Wiley & Sons, Inc. und Hall & Chapman, Ltd. (S. 90—123), beschreibt neben diesen eine Reihe verwandter Lösungsmethoden. — Bei zwei Unbekannten bietet das Verfahren keinen Vorteil oder Zeitgewinn, weshalb es erst an dieser Stelle für drei oder mehr Unbekannte empfohlen wird.

[2] Man bezeichnet die Zeilen mit i, die Spalten mit k; a_{ik} bedeutet das Element a in der $i$ten Zeile und der $k$ten Spalte. Mit a bezeichnen wir die Elemente der Hauptmatrix (die Ausgangskoeffizienten), mit b und c die Elemente der Hilfsmatrix, die in Wirklichkeit zwei Dreiecksmatrizen darstellt. Die Unterscheidung in b und c ist zweckmäßig, da b und c verschiedenen Rechenvorschriften unterliegen.

Praktisch gehen wir nach CROUTS Vorschlag im Sinne der Abb. 2 vor, da die Einhaltung dieser Reihenfolge notwendig ist, um Rechenoperationen zu erhalten, in denen nur bereits bekannte Glieder vorkommen.

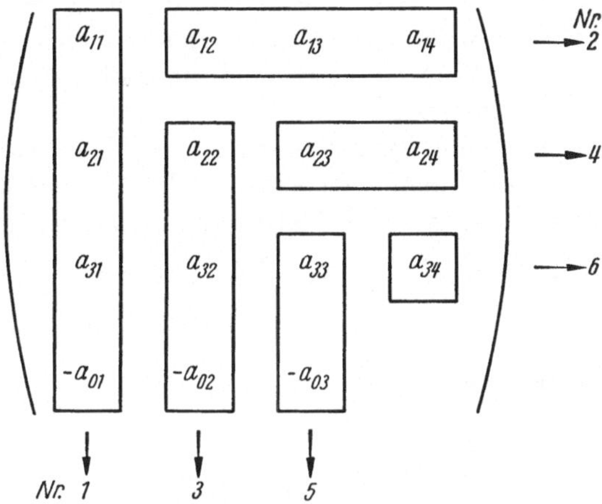

Abb. 2. Reihenfolge der Rechenoperationen zur Ermittlung der Hilfsmatrix aus der Hauptmatrix.

Die erste Spalte der Hilfsmatrix können wir sofort niederschreiben, da sie nach Vorschrift 1 gleich der ersten Spalte der Hauptmatrix ist.

Es folgt die erste Zeile vom zweiten Platz an nach rechts (Nr. 2 in Abb. 2):

$$b_{12} = \frac{a_{12}}{-a_{11}} ; \qquad b_{13} = \frac{a_{13}}{-a_{11}} ; \qquad b_{14} = \frac{a_{14}}{-a_{11}} ;$$

sodann die zweite Spalte von der zweiten Zeile an abwärts (Nr. 3 in Abb. 2):

$$c_{22} = a_{22} + c_{21} b_{12}$$
$$c_{32} = a_{32} + c_{31} b_{12},$$

außerdem lassen wir gleichzeitig eine Kontrollzeile mitlaufen und unterwerfen sie der gleichen Rechenvorschrift, also

$$c_{02} = a_{02} + c_{01} b_{12},$$

es folgt die zweite Zeile vom dritten Platz an nach rechts (Nr. 4 in Abb. 2):

$$b_{23} = (a_{23} + c_{21} b_{13}) : (-c_{22})$$
$$b_{24} = (a_{24} + c_{21} b_{14}) : (-c_{22}),$$

sodann wiederum die dritte Spalte von der dritten Zeile an abwärts (Nr. 5 in Abb. 2):

$$c_{33} = a_{33} + c_{31} b_{13} + c_{32} b_{23}$$
$$c_{03} = a_{03} + c_{01} b_{13} + c_{02} b_{23}$$

und schließlich der letzte Platz in der rechten unteren Ecke

$$b_{34} = (a_{34} + c_{31}\,b_{14} + c_{32}\,b_{24}) : (-c_{33})$$

Es ist leicht einzusehen, wie sich der Rechnungsgang bei einer größeren Zahl von Unbekannten fortsetzen würde, indem man in dem noch unausgefüllten Teil der Matrix abwechselnd die nächste Spalte und dann die nächste Zeile vornimmt.

Die endgültige Lösung kann nun der so gebildeten Hilfsmatrix entnommen werden, indem man der nachstehenden Rechenvorschrift folgt, beginnend rechts unten in der B-Matrix und nach oben fortschreitend:

$$x_i = b_{i,\,n+1} + b_{i,\,n}\,x_n + b_{i,\,n-1}\,x_{n-1} + \cdots \qquad (167)$$

für $i = n,\ n-1,\ n-2\ \ldots 1$ ($n = $ Zahl der Unbekannten).

In unserem Falle ($n = 3$) ist also

$$x_3 = \Delta z = b_{34}$$
$$x_2 = \Delta y = b_{24} + b_{23}\,x_3$$
$$x_1 = \Delta x = b_{14} + b_{13}\,x_3 + b_{12}\,x_2$$

Zur Kontrolle dient die Bedingung, daß die Summe der c-Elemente jeder Spalte gleich dem $c_{0\,k}$-Wert der $k$ten Spalte sein muß, also

$$\Sigma\,c_{i\,k} - c_{0\,k} = 0 \qquad (168)$$

bzw. in unserem Falle

$$c_{22} + c_{32} - c_{02} = 0\,; \qquad c_{33} - c_{03} = 0$$

Ferner muß jede der gegebenen Gleichungen nach Einsetzen von x und nach Herüberschaffen des konstanten Gliedes ($a_{i\,4}$) auf die linke Seite Null ergeben.

In der Anordnung der Tabellen sind einige Varianten möglich; so schlagen M. und G. B. REED[1] vor, die Ergebnisse der Zwischenrechnung (die skalaren Produkte) und den Wert der Elemente der Hilfsmatrix unmittelbar unter das betreffende Element der Hauptmatrix zu schreiben, indem man zwischen den Zeilen einen entsprechenden Raum frei läßt. Ein Zahlenbeispiel ist, unter Benutzung dieser Schreibweise, S. 75 bis 83 durchgerechnet.

6. Die DERINGER - Methode.

Die Überführung des gegebenen Gleichungssystems in ein einfacheres System, welches lediglich aus linearen Gleichungen besteht, kann nach

---

[1] REED, MYRIL B. u. GEORGIA B. REED: Mathematical Methods in Electrical Engineering, S. 39—51. New York: Harper & Brothers 1951.

einem Vorschlag von DERINGER[1] dadurch erreicht werden, daß man das Verhältnis von H_2/CO im erzeugten Gas schätzt:

$$x = \frac{v_{CO}}{v_{H_2}},$$

sodann alle Gasbestandteile mit Hilfe der Gleichgewichtsbeziehungen als Funktionen von x ausdrückt und schließlich die Annahme des x-Wertes an dem noch nicht benutzten Gleichgewicht, demjenigen der BOUDOUARDschen Reaktion, prüft. DERINGER benutzt die homogene Wassergasreaktion und die Methanbildungsreaktion, um eine Beziehung zu CO_2, H_2O und CH_4 herzustellen, und die Sauerstoff-, Wasserstoff- und Stickstoffbilanz, um die Molzahl der entstehenden Gasbestandteile zu ermitteln. Dies Vorgehen ist zunächst auf den vereinfachten Fall der Kohlenstoffvergasung beschränkt, läßt sich aber, wie TRAUSTEL[2] gezeigt hat, systematisch ausbauen, um auf Brennstoffe beliebiger Zusammensetzung erweitert zu werden.

Setzen wir nach TRAUSTEL

$$a = \frac{V_{H_2}}{V_{CO}} \; ; \qquad V_{H_2} = a\,V_{CO} \qquad (169)$$

und definieren wir

$$b = \frac{V_{CH_4}}{V_{CO_2}} \qquad (170) \qquad\qquad c = \frac{V_{H_2O}}{V_{CO_2}} \qquad (171)$$

so lassen sich b und c aus folgenden Gleichgewichtsbeziehungen ermitteln[3]

$$K_b = x_M\,K_{p_M}\,K_{p_B} = \frac{V_{CH_4}\,V_{CO}^2}{V_{H_2}^2\,V_{CO_2}} = \frac{V_{CH_4}}{V_{CO_2}}\,\frac{1}{a^2} \qquad (172)$$

$$b = a^2\,K_b \qquad (173)$$

und

$$K_W = \frac{V_{CO}\,V_{H_2O}}{V_{CO_2}\,V_{H_2}} = \frac{c}{a} \qquad (174)$$

$$c = a\,K_W \qquad (175)$$

---

[1] DERINGER, Hs.: Eine einfache Berechnung der Zusammensetzung von Vergasungsgasen im Gleichgewicht mit Kohlenstoff. Monatsbull. Schweiz. Gas- u. Wasserfachm. Bd. 31 (1951), Nr. 6, S. 181—185.

[2] TRAUSTEL, S.: Über die Berechnung von Vergasungsgleichgewichten. Brennstoff, Wärme, Kraft Bd. 4 (1952), Nr. 1, S. 10 bis 13.

[3] Es sei darauf hingewiesen, daß wir unter V die Gasmengen in Nm^3/Nm^3 Vergasungsmittel verstehen (s. S. 5), während v das betreffende Gas in Vol.-%/100 bezeichnet, $\Sigma v = 1$. Will man V in Volumprozent ausdrücken, so muß also v aus $V/\Sigma V$ berechnet werden.

1. Lösung.

Schreiben wir die Kohlenstoff-, Wasserstoff- und Sauerstoffbilanz nieder, indem wir alle Gasbestandteile als Vielfache von V_{CO} und V_{CO_2} ausdrücken, so erhalten wir

$$F\,C_B + C_M = V_{CO} + (1 + b)\,V_{CO_2} \tag{176}$$

$$F\,H_B + H_M = a\,V_{CO} + (2\,b + c)\,V_{CO_2} \tag{177}$$

$$F\,O_B + O_M = 0{,}5\,V_{CO} + (1 + 0{,}5\,c)\,V_{CO_2} \tag{178}$$

F bedeutet die Menge an festem Brennstoff[1] in kg je Nm³ Vergasungsmittel. Das erste Glied der Gl. (176) ist also der vom Brennstoff, das zweite Glied der vom Vergasungsmittel eingebrachte Kohlenstoff, das erste Glied der rechten Seite der Gl. (176) bezeichnet die entstehende CO-Menge und das letzte Glied die entstehenden CO_2- und CH_4-Mengen. In ähnlicher Weise sind Gl. (177), die Wasserstoffbilanz, und Gl. (178) die Sauerstoffbilanz, aufgebaut. Ordnen wir diese Gleichungen wie folgt, und multiplizieren wir die Sauerstoffbilanz-Gleichung mit 2, um das unbequeme ½ zu beseitigen, so erhalten wir

$$F\,C_B - V_{CO} - (1 + b)\,V_{CO_2} = -\,C_M \tag{176a}$$

$$F\,H_B - a\,V_{CO} - (2\,b + c)\,V_{CO_2} = -\,H_M \tag{177a}$$

$$F\,2\,O_B - V_{CO} - (2 + c)\,V_{CO_2} = -\,2\,O_M \tag{178a}$$

Die Lösung dieses Systems von drei linearen Gleichungen mit drei Unbekannten, F, V_{CO} und V_{CO_2}, läßt sich in Determinantenform unmittelbar niederschreiben. Es ist

$$F = \begin{vmatrix} -\,C_M & -1 & -(1 + b) \\ -\,H_M & -a & -(2\,b + c) \\ -\,2\,O_M & -1 & -(2 + c) \end{vmatrix} : \begin{vmatrix} C_B & -1 & -(1 + b) \\ H_B & -a & -(2\,b + c) \\ 2\,O_B & -1 & -(2 + c) \end{vmatrix} \tag{179}$$

oder

$$F = \frac{\beta\,H_M + \gamma\,O_M - \alpha\,C_M}{\alpha\,C_B - \beta\,H_B - \gamma\,O_B} \tag{180}$$

wenn

$$\alpha = a\,(2 + c) - (2\,b + c) \tag{181}$$

$$\beta = 1 + c - b \tag{182}$$

$$\gamma = 2\,a\,(1 + b) - (2\,b + c) \tag{183}$$

---

[1] Die Bezeichnung F in kg/Nm³ Vergasungsmittel ist von TRAUSTEL vorgeschlagen worden, um eine Verwechslung mit B in kg/Nm³ erzeugtes Gas auszuschließen.

ist. Ebenso kann man nach V_{CO} und V_{CO_2} auflösen oder aber auch so vorgehen, daß man nach Kenntnis von F auf die Stoffbilanzen zurückgeht und setzt

$$H_G = F\,H_B + H_M \tag{184}$$

$$2\,O_G = F\,2\,O_B + 2\,O_M \tag{185}$$

$$N_G = F\,N_B + N_M \tag{186}$$

In Gl. (184) und (185) haben wir zwei Gleichungen mit zwei Unbekannten zur Bestimmung von CO und CO_2 und Gl. (186) liefert den Wert für V_{N_2}. Es ist

$$a\,V_{CO} + (2\,b + c)\,V_{CO_2} = H_G \tag{187}$$

$$V_{CO} + (2 + c)\,V_{CO_2} = 2\,O_G \tag{188}$$

$$V_{CO} = \begin{vmatrix} H_G & (2\,b + c) \\ 2\,O_G & (2 + c) \end{vmatrix} : \begin{vmatrix} a & (2\,b + c) \\ 1 & (2 + c) \end{vmatrix}$$

$$= \frac{H_G\,(2 + c) - 2\,O_G\,(2\,b + c)}{a\,(2 + c) - (2\,b + c)} = \frac{(2 + c)\,H_G - 2\,O_G\,(2\,b + c)}{\alpha} \tag{189}$$

$$V_{CO_2} = \frac{2\,a\,O_G - H_G}{\alpha} \tag{190}$$

Die übrigen Gasbestandteile ergeben sich dann aus den Definitionsgleichungen (169), (170) und (171) zu

$$V_{H_2} = a\,V_{CO}; \qquad V_{CH_4} = b\,V_{CO_2}; \qquad V_{H_2O} = c\,V_{CO_2} \quad \text{und } V_{N_2} \text{ aus Gl. 186.}$$

Die Rechnung wird zweckmäßig mit der Annahme von drei a-Werten durchgeführt, und diese Annahme am Gleichgewicht der BOUDOUARD-schen Reaktion geprüft. Es muß sein

$$\Pi_B = \frac{V_{CO_2}\,\Sigma\,V}{V_{CO}^2} = P\,K'_{p_B} \tag{191}$$

oder

$$\Pi_B - P\,K'_{p_B} = 0 \tag{191a}$$

Wird eine Genauigkeit (in %) von zwei Stellen hinter dem Komma erwartet, so muß a mit 5 Ziffern genau bestimmt werden.

2. Lösung

Das Gleichungssystem, Gl. (176a) bis (178a) hat drei Unbekannte. Statt es algebraisch aufzulösen, können wir wiederum das abgekürzte GAUSS-Verfahren nach BANACHIEWICZ (oder CROUT) benutzen, d.h. wir schreiben die Koeffizienten dieser Gleichung in einer Tabelle nieder (Ausgangsmatrix oder A-Matrix), leiten die BC-Matrix oder Hilfsmatrix davon ab und lesen die Lösung für F, V_{CO} und V_{CO_2} daraus ab,

3. Lösung.

Das Gleichungssystem von drei Unbekannten läßt sich auf ein solches mit nur zwei Unbekannten zurückführen, wenn wir eine Unbekannte, z. B. die Brennstoffmenge, eliminieren. Es ist ohnehin lästig, daß man bei der ersten Lösung alle Gasbestandteile benötigt, ehe Gl. (191) zur Prüfung benutzt werden kann, da der Ausdruck ΣV darin enthalten ist. Wenn wir den Ansatz des Newton-Traustel-Verfahrens benutzen, d. h. mit v rechnen und B und M mit Hilfe der Kohlenstoff- und Sauerstoffbilanz eliminieren, ferner nach dem Vorschlag Deringer-Traustel $a = H_2/CO$ schätzen und b und c nach Gl. (170), (171) berechnen, so lassen sich das Daltonsche Gesetz und die Wasserstoffbilanz in folgender einfacher Form ausdrücken:

$$\varphi = A_1\,v_{CO} + B_1\,v_{CO_2} = 1 \tag{192}$$

$$\psi = A_2\,v_{CO} + B_2\,v_{CO_2} = 0 \tag{193}$$

Die Lösung ist

$$v_{CO} = \frac{B_2}{A_1 B_2 - A_2 B_1} \tag{194}$$

$$v_{CO_2} = \frac{-A_2}{A_1 B_2 - A_2 B_1} \tag{195}$$

darin bedeuten

$$A_1 = 1 + a + k_1 - k_2 \tag{196}$$

$$B_1 = 1 + b + c + (1 + b)\,k_1 - (2 + c)\,k_2 \tag{197}$$

$$A_2 = a - k_3 + k_4 \tag{198}$$

$$B_2 = 2b + c - (1 + b)\,k_3 + (2 + c)\,k_4 \tag{199}$$

und

$$k_1 = \frac{O_M\,N_B - O_B\,N_M}{C_B\,O_M - C_M\,O_B} \tag{200}$$

$$k_2 = 0,5\,\frac{C_M\,N_B - C_B\,N_M}{C_B\,O_M - C_M\,O_B} \tag{201}$$

$$k_3 = \frac{O_M\,H_B - O_B\,H_M}{C_B\,O_M - C_M\,O_B} \tag{202}$$

$$k_4 = 0,5\,\frac{C_M\,H_B - C_B\,H_M}{C_B\,O_M - C_M\,O_B} \tag{203}$$

Die Abtrennung von Festwerten ist so getroffen, daß man mit einer möglichst einfachen Zahlenrechnung auskommt, und daß gemeinsame Faktoren auf dem Rechenschieber bzw. auf der Rechenmaschine entsprechend zeitsparend ausgenutzt werden können.

Die Prüfung erfolgt wiederum durch

$$\Pi_B = \frac{v_{CO_2}}{v_{CO}^2} = P\,K'_{p\,B} \qquad (204)$$

oder

$$\Pi_B - P\,K'_{p\,B} = 0\,. \qquad (204\,a)$$

7. Berücksichtigung des Schwefelgehaltes.

Schwefelwasserstoff (H_2S) und Kohlenoxysulfid (COS) sind die zu erwartenden Hauptbestandteile. Aus

$$K^*_{COS} = \frac{v_{COS}\,v_{H_2}}{v_{CO}\,v_{H_2S}} = \frac{v_{COS}}{v_{H_2S}} \cdot a \qquad (205)$$

erhält man eine einfache Beziehung zwischen diesen beiden Bestandteilen. Gehen m Anteile des verbrennlichen Schwefels als COS und $(1-m)$ Anteile als H_2S in das Gas über, so ist nach Gl. (205):

$$K^*_{COS} = \frac{m}{1-m}\,a\,; \qquad\qquad m = \frac{1}{1+a/K^*_{COS}} \qquad (206)$$

Ist a bekannt, so kann die Verteilung des Schwefels auf COS und H_2S ohne weiteres angegeben werden. Im Falle des DERINGER-TRAUSTEL-Verfahrens haben wir a zu Beginn der Rechnung geschätzt, beim NEWTON-Verfahren gehen wir von den Schätzwerten x und y aus, also ist $a = y/x$ ebenfalls bekannt.

Wie vorher gezeigt, kann man den Rechnungsgang formal unverändert durchführen, wenn man in den Stoffbilanzen den an Schwefel gebundenen Anteil auf beiden Seiten der Bilanzgleichungen abzieht. Wir rechnen dann mit einer Kohlenstoff- und Sauerstoffbilanz ohne den an COS gebundenen Kohlenstoff bzw. Sauerstoff und eine Wasserstoffbilanz ohne den an H_2S gebundenen Anteil; ferner fassen wir die Schwefelverbindungen im Gas als „Inerte" mit dem Stickstoffgehalt zusammen. Mit anderen Worten, wir substituieren in den Gl. (200) bis (203) C_B, O_B, H_B, N_B und C_M, O_M, H_M, N_M durch die „reduzierten" C^*_B, O^*_B usf.

$$C^*_B = C_B - m\,S_B \qquad (207)$$

$$O^*_B = O_B - 0{,}5\,m\,S_B \qquad (208)$$

$$H^*_B = H_B - (1-m)\,S_B \qquad (209)$$

$$N^*_B = N_B + S_B \qquad (210)$$

$$C^*_M = C_M - m\,S_M \qquad (211)$$

$$O^*_M = O_M - 0{,}5\,m\,S_M \qquad (212)$$

$$H^*_M = H_M - (1-m)\,S_M \qquad (213)$$

$$N^*_M = N_M + S_M \qquad (214)$$

8. Erweiterung des Deringer - Traustel - Verfahrens
auf weitere Unbekannte.

Mit Hilfe des abgewandelten Deringer-Verfahrens konnte ein Gleichungssystem von nur zwei linearen Gleichungen mit zwei Unbekannten gewonnen, und durch einen einfachen Ansatz konnten zwei Schwefelverbindungen mitberücksichtigt, also ein Gas mit 8 Komponenten ohne großen Rechenaufwand ermittelt werden. Es liegt nahe zu vermuten, daß ein System mit noch mehr Komponenten durch drei lineare Gleichungen und drei Unbekannte noch eine verhältnismäßig einfache Lösung bietet.

Wir wenden uns als Beispiel zunächst einem System zu, in welchem wir neben den bisherigen Gasbestandteilen noch CS_2, S_2 und SO_2 berücksichtigen wollen[1]. Wählen wir als primäre Unbekannte v_{CO}, v_{CO_2} v_{COS} und nehmen wir an

$$a = \frac{v_{H_2}}{v_{CO}} \qquad (215) \qquad\qquad n = \frac{v_{CS_2}}{v_{CO}} \qquad (216)$$

so können wir die Gasbestandteile folgendermaßen als Funktionen der primären Unbekannten darstellen:

$$v_{H_2} = a\,v_{CO} \quad (217); \qquad\qquad v_{H_2O} = c\,v_{CO_2} \qquad (218)$$

$$v_{H_2S} = d\,v_{COS} \quad (219); \qquad\qquad v_{CS_2} = n\,v_{CO_2} \qquad (220)$$

$$v_{CH_4} = b\,v_{CO_2} \quad (221); \qquad\qquad v_{S_2} = l\,v_{CO_2} \qquad (222)$$

$$v_{SO_2} = q\,v_{COS}\,v_{CO} = q^*\,v_{CO} \qquad (223)$$

mit b und c nach Gl. (173) und (175) und

$$d = \frac{a}{K^*_{COS}} \quad (224); \qquad\text{da}\qquad K^*_{COS} = \frac{v_{COS}\,v_{H_2}}{v_{H_2S}\,v_{CO}} = \frac{a}{d} \quad (225)$$

$$l = \frac{n}{K_{CS_2}} \quad (226); \qquad\text{da}\qquad K_{CS_2} = \frac{v_{CS_2}}{v_{S_2}} \qquad (227)$$

$$\frac{n}{K_{CS_2}} = \frac{v_{S_2}}{v_{CO}} \qquad (228)$$

$$q = P\,K^{***}_{p\,SO_2}\,v_{COS}\,v_{CO} \qquad (229)$$

$$q^* = r\,P\,K^{***}_{p\,SO_2}\,v_{CO} \qquad (230)$$

r ist ein konstant angenommener Schätzwert für v_{COS}.

q und q^* kann in den meisten Fällen als $\sim$ Null angenommen werden.

---

[1] Die Berücksichtigung von SO_2 bringt gewisse Schwierigkeiten mit sich, da keine lineare Beziehung zu den primären Unbekannten hergestellt werden kann. Durch Beschränkung auf eine erste Annäherung für den (ohnehin äußerst kleinen) SO_2-Gehalt können wir eine lineare Beziehung annehmen.

Die Kohlenstoff- und Sauerstoffbilanz nach Gl. (73), (74) benutzen wir wiederum zur Bestimmung von B und M und schreiben zur Aufsuchung von v_{CO}, v_{CO_2} und v_{COS} die folgenden Gleichungen an: Das DALTONsche Gesetz, die Wasserstoffbilanz und die Schwefelbilanz

$$\varphi = A_1 v_{CO} + B_1 v_{CO_2} + C_1 v_{COS} = 1 \tag{231}$$

$$\psi = A_2 v_{CO} + B_2 v_{CO_2} + C_2 v_{COS} = 0 \tag{232}$$

$$\chi = A_3 v_{CO} + B_3 v_{CO_2} + C_3 v_{COS} = 0 \tag{233}$$

und die Lösung

$$v_{CO} = \frac{B_2 C_3 - B_3 C_2}{A_1 B_2 C_3 + A_3 B_1 C_2 + A_2 B_3 C_1 - A_3 B_2 C_1 - A_1 B_3 C_2 - A_2 B_1 C_3} \tag{234}$$

$$v_{CO_2} = \frac{A_3 C_2 - A_2 C_3}{A_1 B_2 C_3 + A_3 B_1 C_2 + A_2 B_3 C_1 - A_3 B_2 C_1 - A_1 B_3 C_2 - A_2 B_1 C_3} \tag{235}$$

$$v_{COS} = \frac{A_2 B_3 - A_3 B_2}{A_1 B_2 C_3 + A_3 B_1 C_2 + A_2 B_3 C_1 - A_3 B_2 C_1 - A_1 B_3 C_2 - A_2 B_1 C_3} \tag{236}$$

Darin bedeutet

$$A_1 = 1 + a + q^* + k_1 - (0{,}5 - q^*)\, k_2 \tag{237}$$

$$B_1 = 1 + b + c + (1 + b)\, k_1 - (1 + 0{,}5\, c)\, k_2 \tag{238}$$

$$C_1 = 1 + d + k_1 - 0{,}5\, k_2 \tag{239}$$

$$A_2 = a - k_3 + (0{,}5 + q^*)\, k_4 \tag{240}$$

$$B_2 = 2b + c - (1 + b + n)\, k_3 + (1 + 0{,}5\, c)\, k_4 \tag{241}$$

$$C_2 = d - k_3 + 0{,}5\, k_4 \tag{242}$$

$$A_3 = q^* - k_5 + (0{,}5 + q^*)\, k_6 \tag{243}$$

$$B_3 = 2n + 2l - (1 + b + n)\, k_5 + (1 + 0{,}5\, c)\, k_6 \tag{244}$$

$$C_3 = 1 + d - k_5 + 0{,}5\, k_6 \tag{245}$$

$$k_1 = \frac{O_M N_B - O_B N_M}{C_B O_M - C_M O_B} \quad (246); \qquad k_2 = \frac{C_M N_B - C_B N_M}{C_B O_M - C_M O_B} \tag{247}$$

$$k_3 = \frac{O_M H_B - O_B H_M}{C_B O_M - C_M O_B} \quad (248); \qquad k_4 = \frac{C_M H_B - C_B H_M}{C_B O_M - C_M O_B} \tag{249}$$

$$k_5 = \frac{O_M S_B - O_B S_M}{C_B O_M - C_M O_B} \quad (250); \qquad k_6 = \frac{C_M S_B - C_B S_M}{C_B O_M - C_M O_B} \tag{251}$$

Die übrigen Gasbestandteile ergeben sich aus den durch die Definitionen von a, b, c, d, n, l, q gegebenen Beziehungen, schließlich B und M aus der Kohlenstoff- und Sauerstoffbilanz nach Gl. (73) und (74) mit

$$C_G = v_{CO} + (1 + b + n)\, v_{CO_2} + v_{COS} \tag{252}$$

$$O_G = (0{,}5 + q^*)\, v_{CO} + (1 + 0{,}5\, c)\, v_{CO_2} + 0{,}5\, v_{COS} \; . \tag{253}$$

Die Schwefelbilanz

$$S_G = q^* v_{CO} + 2(n + l)\, v_{CO_2} + (1 + d)\, v_{COS} = B\, S_B + M\, S_M \tag{254}$$

kann, nachdem die Annahme von a korrigiert ist durch Erfüllung der Kontrollgleichung — Gl. (204) oder (204a), benutzt werden, um nun

$$n = \frac{S_G - \left(1 + \dfrac{a}{K^*_{COS}}\right) v_{COS} - q^* \, v_{CO}}{2 \, v_{CO_2}\left(1 + \dfrac{1}{K_{CS_2}}\right)} \tag{255}$$

zu ermitteln, die Annahme von q^* zu prüfen und, falls die erste Schätzung von n sehr schlecht lag, die Rechnung mit einem neuen n (und gegebenenfalls q^*) zu wiederholen.

Statt die Gl. (231) bis (233) algebraisch zu lösen und dann die numerischen Werte in die Lösung nach Gl. (234) bis (236) einzuführen, kann man auch die Koeffizienten dieser drei Gleichungen in einer Matrix niederschreiben und nach der GAUSSschen Abkürzungsmethode (nach BANACHIEWCZ oder CROUT) direkt lösen, indem man eine Hilfsmatrix bildet und daraus die Lösung erhält (s. S. 43).

Ein dritter Lösungsweg ist durch die vorher bereits benutzte Methode der „reduzierten" Stoffbilanzen gegeben, indem wir die an Schwefelverbindungen gebundenen Mengen an O_2, H_2 und C bei den entsprechenden Stoffbilanzen abziehen, also z. B. bei der Kohlenstoffbilanz nur diejenigen Mengen betrachten, die an v_{CO}, v_{CO_2} und v_{CH_4} gehen usf. Entgegen der früheren Methode, bei der wir nur H_2S und COS berücksichtigten, steht uns keine so einfache Beziehung der Bestandteile untereinander zur Verfügung. Wir schätzen dieses Mal den Wert v_{CS_2} — nicht n, da wir ja v_{CO_2} zunächst nicht kennen — und können dann die übrigen Schwefelverbindungen durch folgende Aufteilung des Schwefels im Gas finden: Es gehen

$$n \text{ Teile an } CS_2 \text{ (geschätzt)}$$

$$l \text{ Teile an } S_2; \quad l = \frac{n}{K_{CS_2}} \tag{256}$$

$$q \text{ Teile an } SO_2 \text{ (geschätzt)}[1]$$

$$r = (1 - n - l - q) \, m = r \text{ Teile COS} \tag{257}$$

$$s = (1 - n - l - q)(1 - m) \text{ Teile } H_2S \tag{258}$$

$$m = \frac{1}{\left(1 + \dfrac{a}{K^*_{COS}}\right)} \tag{259}$$

---

[1] Die Berücksichtigung von SO_2 wirkt wiederum störend, da es aber nahezu Null wird, kann v_{SO_2} ganz weggelassen werden und später geprüft werden nach der Beziehung

$$v_{SO_2} = \frac{v_{H_2S} \, v_{CO}^2}{v_{H_2}} \cdot P \, K^*_{p\,SO_2}.$$

Die in die „reduzierten" Stoffbilanzen eingehenden Größen sind dann

$$C_B^* = C_B - (n + r)\, S_B \tag{260}$$

$$O_B^* = O_B - (0,5\, r + q)\, S_B \tag{261}$$

$$H_B^* = H_B - s\, S_B \tag{262}$$

$$N_B^* = N_B + S_B \tag{263}$$

$$C_M^* = C_M - (n + r)\, S_M \tag{264}$$

$$O_M^* = O_M - (0,5\, r + q)\, S_M \tag{265}$$

$$H_M^* = H_M - s\, S_M \tag{266}$$

$$N_M^* = N_M + S_M \tag{267}$$

Mit diesen Werten rechnet man weiter wie in dem S. 50 angegebenen Verfahren, d. h. man erhält zwei lineare Gleichungen mit zwei Unbekannten und eine verhältnismäßig sehr einfache Lösung. Man berichtigt dann Schätzwert a und anschließend n nach Gl. (251).

In gleicher Weise, wie hier auf das DERINGER-TRAUSTEL-Verfahren, kann die Berücksichtigung der Schwefelverbindungen auch auf das NEWTON-TRAUSTEL-Verfahren angewandt werden.

9. Weitere Methoden.

Die Zahl der dargestellten Methoden erschöpft keineswegs alle möglichen Varianten. Durch andere Wahl der primären Unbekannten, oder das Verhältnis zweier Unbekannter, durch Rechnen mit Molen oder Normkubikmetern lassen sich noch weitere Verfahren ableiten. Die Zahl der bereits gebrachten Beispiele dürfte jedoch genügen, den Leser in Stand zu setzen, solche Ableitungen selbst zu machen, wenn ihre Verwendung in Sonderfällen Vorteile zu bieten verspricht.

Unter den Lösungsmethoden sei hier noch auf das Einkreisungsverfahren oder die Drei-Punkt-Methode von TRAUSTEL[1] hingewiesen. Hierbei werden drei Schätzwerte der primären Unbekannten x und zwei Schätzwerte der primären Unbekannten y so gewählt, daß

$$x_2 - x_1 = x_3 - x_2 = y_2 - y_1 = \Delta \tag{268}$$

ist, und das Ausgangs-Wertepaar x, y eingerahmt wird. Die Rechnung wird also für die drei Wertepaare $x_1 y_1$ (Punkt 11), $x_2 y_2$ (Punkt 22) und $x_3 y_1$ (Punkt 31) durchgeführt und φ_{11}, φ_{22}, φ_{31}, ψ_{11}, ψ_{22}, ψ_{31} berechnet. Der berichtigte Wert für x und y ergibt sich dann zu

$$y = y_1 + \Delta\, \frac{1 - (A + C)}{1 - (B + D)} \tag{269}$$

<hr>

[1] TRAUSTEL, SERGEI: Zur Berechnung von Vergasungsgleichgewichten. Feuerungstechn. Bd. 31 (1943), Nr. 7/8, S. 111 bis 114. — Vgl. auch GUMZ, W.: Gas Producers and Blast Furnaces. S. 50 bis 58, und Rechenbeispiele S. 86 bis 89, 238.

und

$$x = x_1 + 2\Delta A + (1 - 2B)(y - y) \tag{270}$$

wenn

$$A = \frac{-\varphi_{11}}{\varphi_{31} - \varphi_{11}} \tag{271}$$

$$B = \frac{\varphi_{22} - \varphi_{11}}{\varphi_{31} - \varphi_{11}} \tag{272}$$

$$C = \frac{-\psi_{31}}{\psi_{11} - \psi_{31}} \tag{273}$$

$$D = \frac{\psi_{22} - \psi_{31}}{\psi_{11} - \psi_{31}} \tag{274}$$

ist. Die Rechnung wird sodann mit einem kleineren Schritt Δ wiederholt (z. B. 1/10) bis die gewünschte Genauigkeit erreicht ist.

Eine andere Ausdrucksform ist das Rechnen mit Umsatzgraden. Stellt man sich vor, daß das Vergasungsmittel zunächst durch den vollständigen Verbrauch seines Sauerstoffs in das Gemisch

$$v''_{CO_2} + v''_{H_2O} + v''_{N_2} = 1 \tag{275}$$

überführt worden wäre, und v''_{CO_2} und v''_{H_2O} teils in CO und H_2 umgesetzt würde, teils als solches bestehen bliebe, so kann man die Gaszusammensetzung angeben, wobei die Umsatzgrade als Unbekannte erscheinen. Verschiedene Varianten dieses Verfahrens sind an anderer Stelle dargestellt worden[1] [2].

Verschiedene Autoren haben den Versuch unternommen, Gleichgewichtsberechnungen auf ein einziges Gleichgewicht, z. B. dasjenige der homogenen Wassergasreaktion, zu beschränken. Als Beispiel dieser Art wäre eine Arbeit von EDMISTER, PERRY, COREY und ELLIOT[3] zu nennen, die sich auf die Vergasung von Kohlenstaub mit Sauerstoff und Wasserdampf bezieht, und in der die Gaszusammensetzung zur Gasaustrittstemperatur in Beziehung gesetzt wird. Diese Koordinierung steht im Gegensatz zu dem S. 26 bis 29 dargestellten Mechanismus der Gleichstromvergasung, und die Übereinstimmung mit den Versuchsergebnissen von PERRY, COREY und ELLIOTT[4] und anderen Staubvergasungsversuchen ist unbefriedigend. Ein solches Vorgehen ist nicht unbedenklich.

---

[1] TRAUSTEL, SERGEI: Grundsätzliches zur Berechnung von Vergasungsvorgängen. Feuerungstechn. Bd. 30 (1942), Nr. 10, S. 225 bis 231.

[2] GUMZ, WILHELM: Gas Producers and Blast Furnaces. S. 63 bis 68.

[3] EDMISTER, WAYNE C., HARRY PERRY, R. C. COREY u. M. A. ELLIOTT: „Thermodynamics of gasification of coal with oxygen and steam. Charts for material and enthalpy balance calculations. Trans. Am. Soc. Mech. Eng. Bd. 74 (1952), Nr. 5, S. 621 bis 636.

[4] PERRY, H., R. C. COREY u. M. A. ELLIOTT: Continuous gasification of pulverized coal with oxygen and steam by the Vortex principle. Trans. ASME Bd. 72 (1950), Nr. 5, S. 599 bis 610.

Nach TRAUSTEL[1] verbliebe mit einer solchen Beschränkung auf ein einziges Reaktionsgleichgewicht mindestens ein „Freiheitsgrad" für willkürliche Annahmen, die dann das Beurteilungs- und Berechnungsergebnis ins Wirklichkeitsfremde führen. Insbesondere ist aus solchen Ergebnissen kein Ansatzpunkt für eine echte und gesunde Weiterentwicklung von Vergasungsverfahren zu erwarten, was — neben anderen Gesichtspunkten — eine nicht unwesentliche Aufgabe der Berechnung und der theoretischen Bewertung von Vergasungsvorgängen ist.

Eine weitere Anzahl von Varianten und von Vereinfachungen tritt hinzu, wenn ein Gasbestandteil oder eine ganze Gruppe von Gasbestandteilen verschwindend klein wird. Wir können dann die Annahme treffen, daß diese Bestandteile in erster Annäherung Null werden und können dadurch den Rechnungsgang erheblich abkürzen. Am Ende der Rechnung wird dann eine entsprechende Korrektur vorgenommen. Zwei Beispiele solcher Näherungsmethoden sollen hier besprochen werden, die SO_2-Reduktion im Gaserzeuger mit trockener Luft und die Bildung von Stickstoffverbindungen.

10. Näherungsmethode für den Fall $H_2 = 0$.

Können wir erwarten, daß z. B. die Gruppe der Wasserstoffträger mit Ausnahme des Schwefelwasserstoffs, also H_2, H_2O und CH_4 verschwindend klein werden, so läßt sich das verhältnismäßig komplexe Problem der Reduktion von SO_2 mit trockener Luft (oder Sauerstoff) im Gaserzeuger sehr einfach lösen. Wir wenden das NEWTON-TRAUSTEL-Verfahren an mit zwei primären Unbekannten

$$x = v_{CO} \qquad\qquad y = v_{COS}$$

Mit $v_{H_2} = v_{H_2O} = v_{CH_4} = 0$ und der Annahme, daß zunächst aller Wasserstoff an H_2S gebunden sei, gewinnen wir aus der Wasserstoffbilanz einen Anhalt für die Größe von v_{H_2S} und können nun das DALTONsche Gesetz (φ) und die Schwefelbilanz (χ) in folgender Form niederschreiben

$$\varphi = A\, v_{CO} + B\, P\, K'_{p_B} v_{CO} + E\, v_{COS}$$

$$+ F\, P^{-1} K^{**}_{p_{CS_2}} \frac{v_{COS}^2}{v_{CO}^2} + P^{-1} K^{**}_{p_{S_2}} \frac{v_{COS}^2}{v_{CO}^2} - 1 \tag{276}$$

$$\varphi'_x = A + B\, P\, K'_{p_B}\, 2 v_{CO} - F\, P^{-1} K^{**}_{p_{CS_2}} \frac{2 v_{COS}^2}{v_{CO}^3} - P^{-1} K^{**}_{p_{S_2}} \frac{2 v_{COS}^2}{v_{CO}^3} \tag{277}$$

$$\varphi'_y = E + F\, P\, K^{**}_{p_{CS_2}} \frac{2 v_{COS}}{v_{CO}^2} + K^{**}_{p_{S_2}} \frac{2 v_{COS}}{v_{CO}^2} \tag{278}$$

---

[1] TRAUSTEL, S.: Über die Berechnung von Vergasungsgleichgewichten. Brennstoff-Wärme-Kraft Bd. 4 (1952), Nr. 1, S. 10 bis 13.

und

$$\chi = E^* v_{\mathrm{COS}} + F^* P^{-1} K^{**}_{p_{\mathrm{CS_2}}} v^2_{\mathrm{COS}} + 2 K^{**}_{p_{\mathrm{S_2}}} v^2_{\mathrm{COS}} - A^* v_{\mathrm{CO}} B P K_{p_B} v^2_{\mathrm{CO}} \tag{279}$$

$$\chi'_x = - F^* P^{-1} K^{**}_{p_{\mathrm{CS_2}}} \frac{2 v^2_{\mathrm{COS}}}{v^3_{\mathrm{CO}}} - 2 K^{**}_{p_{\mathrm{S_2}}} \frac{2 v^2_{\mathrm{COS}}}{v^3_{\mathrm{CO}}} - A^* - B^* P K'_{p_B} 2 v_{\mathrm{CO}} \tag{280}$$

$$\chi'_y = E^* + F^* P^{-1} K^{**}_{p_{\mathrm{CS_2}}} \frac{2 v_{\mathrm{COS}}}{v^2_{\mathrm{CO}}} + 2 K^{**}_{p_{\mathrm{S_2}}} \frac{2 v_{\mathrm{COS}}}{v^2_{\mathrm{CO}}} \tag{281}$$

mit

$$A = 1 + \frac{1}{C_B O_M - C_M O_B} [O_M (N_B + H_B) - 0{,}5 C_M (N_B + H_B)$$
$$+ 0{,}5 C_B (N_M + H_M) - O_B (N_M + H_M)] \tag{282}$$

$$B = 1 + \frac{1}{C_B O_M - C_M O_B} [O_M (N_B + H_B) - C_M (N_B + H_B)$$
$$+ C_B (N_M + H_M) - O_B (N_M + H_M)] \tag{283}$$

$$E = A \tag{284}$$

$$F = 1 + \frac{1}{C_B O_M - C_M O_B} [O_M (N_B + H_B) - O_B (N_M + H_M)] \tag{285}$$

$$A^* = \frac{1}{C_B O_M - C_M O_B} [O_M (S_B - H_B) - 0{,}5 C_M (S_B - H_B)$$
$$+ 0{,}5 C_B (S_M - H_M) - O_B (S_M - H_M)] \tag{286}$$

$$B^* = \frac{1}{C_B O_M - C_M O_B} [O_M (S_B - H_B) - C_M (S_B - H_B)$$
$$+ C_B (S_M - H_M) - O_B (S_M - H_M)] \tag{287}$$

$$E^* = 1 - A^* \tag{288}; \qquad\qquad F^* = 2 - B^* \tag{289}$$

Es ist leicht einzusehen, wie diese Gleichungen zustande kommen. In Gl. (276), dem DALTONschen Gesetz, haben wir angenommen, daß aller Wasserstoff an Schwefelwasserstoff gebunden sei, wir haben daher den Schwefelwasserstoff durch $B \mathrm{H}_B + M \mathrm{H}_M$ ausgedrückt, in gleicher Weise den Stickstoffgehalt durch $B \mathrm{N}_B + M \mathrm{N}_M$. Durch Umordnung der Glieder ergibt sich dann die angegebene Form der Gleichung, doch tritt S_B oder S_M nicht darin auf. Die Schwefelbilanz dagegen haben wir ohne den Schwefelwasserstoffgehalt gemacht, daher tritt in Gl. (279) in den Faktoren A^* bis F^* der Ausdruck $\mathrm{S}_B - \mathrm{H}_B$ und $\mathrm{S}_M - \mathrm{H}_M$ auf. Die Lösung ist durch Gl. (108) und (109) S. 36 gegeben.

Haben wir so die Zusammensetzung (ohne H_2, $\mathrm{H}_2\mathrm{O}$ und CH_4) gefunden, so können wir eine Berichtigung der Aufteilung des Wasserstoffs im Gas vornehmen. Bei sehr kleinem Wasserstoffgehalt wird man den Methangehalt meist vernachlässigen können. Wir berechnen B und

M aus der Kohlenstoff- und Sauerstoffbilanz nach Gl. (73) und (74) und können

$$H_G = B\,H_B + M\,H_M$$

bestimmen. Die Aufteilung ist dann

$$v_{H_2}\left(1 + P\,K'_{p_W}\,v_{CO} + K^*_{H_2S}\,\frac{v_{COS}}{v_{CO}}\right) = H_G \qquad (290)$$

Es ist also

$$v_{H_2} = \frac{1}{1 + P\,K'_{p_W}\,v_{CO} + K^*_{H_2S}\,\dfrac{v_{COS}}{v_{CO}}}\cdot H_G \qquad (291)$$

$$v_{H_2O} = \frac{1}{1 + P\,K'_{p_W}\,v_{CO} + K^*_{H_2S}\,\dfrac{v_{COS}}{v_{CO}}}\cdot H_G \qquad (292)$$

$$v_{H_2S} = \frac{1}{1 + P\,K'_{p_W}\,v_{CO} + K^*_{H_2S}\,\dfrac{v_{COS}}{v_{CO}}}\cdot H_G \qquad (293)$$

Wenn nötig kann dann O_G durch Berücksichtigung von 0,5 v_{H_2O} verbessert und damit wiederum H_G und v_{H_2}, v_{H_2O} und v_{H_2S} berichtigt werden, im allgemeinen wird sich aber zeigen, daß die Verbesserung zu klein ist, um sich überhaupt bemerkbar zu machen (siehe Zahlenbeispiel S. 87).

An Stelle des NEWTON-TRAUSTEL-Verfahrens kann man ebenso gut das DERINGER-TRAUSTEL-Verfahren anwenden. TRAUSTEL[1] hat vorgeschlagen, in diesem Falle von der Schätzung des V_{CO_2}/V_{CO}-Wertes auszugehen und eine Aufteilung der Schwefelträger vorzunehmen, indem man sie als Vielfache von V_{COS} ausdrückt.

11. Berücksichtigung der Stickstoffverbindungen.

Bisher haben wir den Stickstoff als inert angesehen und angenommen, daß er lediglich vom Vergasungsmittel oder aus dem Brennstoff unverändert in das Gas übergehe. Es bestehen indessen auch für den Stickstoff unter den Arbeitsbedingungen eines Gaserzeugers Möglichkeiten, mit Wasserstoff und Kohlenstoff Verbindungen einzugehen, wie z. B. Ammoniak (NH_3), Cyanwasserstoff (HCN), Cyan (C_2N_2) u. a. m.

Es zeigt sich allerdings, daß Cyan unter üblichen Arbeitsbedingungen nicht entstehen kann, da die Gleichgewichtskonstante der Reaktion

$$2\,C + N_2 = C_2N_2$$

---

[1] Persönliche Mitteilung.

nach von Wartenberg[1]

$$\log K_{p_{C_2N_2}} = \frac{-15650}{T} + 0{,}001\,T + 0{,}8 \tag{294}$$

also sehr klein ist. Bei $t = 700°$ C $(T = 973°\,K)$ wird $\log K_{p_{C_2N_2}} = -14$ und $K_{p_{C_2N_2}}$ eine derart kleine Zahl, daß

$$v_{C_2N_2} = K_{p_{C_2N_2}}\,v_{N_2} \tag{295}$$

verschwindend klein wird, Lees[2] hat bei seinen Untersuchungen über die Stickstoffverbindungen im Generatorgas C_2N_2 nicht nachweisen können.

Ammoniakbildung im Gaserzeuger spielte vor der Entwicklung der industriellen Herstellung synthetischen Ammoniaks eine bedeutende Rolle und besondere Verfahren, z.B. das Mondgas-Verfahren wurden entwickelt[3], um durch hohen Wasserdampfzusatz und niedrige Reaktionstemperatur die Ausbeute an Ammoniak möglichst zu steigern. Diese Nebenproduktengewinnung ist durch das synthetische Ammoniak völlig verdrängt worden[4]. Das große Interesse für die Reaktion der NH_3-Bildung aus den Elementen hat dazu geführt, daß diese Reaktion eingehend studiert worden ist, besonders bei hohem Druck[5]. Bei atmosphärischem Druck ist

$$\log K_{p_{NH_3}} = \frac{2074{,}8}{T} - 2{,}4943 \log T + 1{,}8564 \times 10^{-7}\,T^2 + 1{,}99 \tag{296}$$

Die Gleichgewichtskonstante der Cyanwasserstoffbildung aus den Elementen wird, unter Benutzung spektroskopischer Daten von Gordon[6],

$$\log K_{HCN} = \frac{6733}{T} - 1{,}74218 \tag{297}$$

Die gebildeten Mengen an NH_3 und HCN

$$v_{NH_3} = P\,K_{p_{NH_3}}\,(v_{N_2})^{1/2}\,(v_{H_2})^{1\,1/2} \tag{298}$$

$$v_{HCN} = K_{HCN}\,(v_{H_2})^{1/2}\,(v_{N_2})^{1/2} \tag{299}$$

hängen, außer von den Gleichgewichtskonstanten, auch von dem vorhandenen Stickstoff- und Wasserstoffgehalt des Gases ab und wirken

---

[1] Z. v. Wartenberg, Z. f. anorg. Chem. Bd. 52 (1907), S. 299; s. auch Abbeggs Handbuch der anorganischen Chemie 3. Bd., 2. Teil, 1907.

[2] Lees, B.: Ammonia, hydrogen cyanide, and cyanogen in producer gas. Fuel Bd. 28 (1949), Nr. 5, S. 103 bis 108.

[3] Trenkler, H. R.: Die Gaserzeuger. Berlin: Springer 1923.

[4] Muhlert, F.: Der Kohlenstickstoff. (Kohle. Koks. Teer. Bd. 32.) Halle (Saale): W. Knapp 1934.

[5] Vgl. Fußnote 5, S. 12.

[6] Gordon, A. R.: The free energy of hydrogen cyanide from spectroscopic data. J. Chem. Phys. Bd. 5 (1937), Nr. 1, S. 30 bis 32.

demnach auf diese Gasbestandteile zurück. Betrachtet man jedoch ein Zahlenbeispiel, so erkennt man sofort, daß die absolute Größe dieser Neubildung so gering ist, daß die Rückwirkung auf den N_2- und H_2-Gehalt des Gases vernachlässigt werden kann. Aus diesem Grunde haben wir auch darauf verzichtet, den NH_3- und HCN-Gehalt des Gases als Unbekannte in die Gleichungssysteme einzuführen, wie das notwendig gewesen wäre, wenn die Konzentration der übrigen Gasbestandteile davon merklich beeinflußt würde.

Bei $t = 700°$ C habe das Gas bei $P = 1$ Atm. 13,61% H_2 und 50,38% N_2.

Mit $K_{p_{NH_3}} = 6,9983 \times 10^{-4}$ und $K_{HCN} = 6,643 \times 10^{-6}$ erhält man

$$v_{NH_3} = 6,9983 \times 10^{-4} \sqrt{0,5038} \sqrt{0,1361} \times 0,1361 = 0,0000249$$

$$v_{HCN} = 6,643 \times 10^{-6} \sqrt{0,5038} \sqrt{0,1361} = 0,0000017$$

Lees[1] hat an einem Querstrom-Fahrzeuggaserzeuger mit unbehandeltem und mit durch Zusatz von Soda (Na_2CO_3) „aktiviertem" Brennstoff folgende Werte festgestellt:

Zahlentafel 5. *Stickstoffverbindungen im Generatorgas nach Lees*

Brennstoff	N_2 im Brennstoff	mg/Nm³ im Gas		NH_3/HCN
		NH_3	HCN	
Anthrazit, unbehandelt	1,0	299	61	7,7
mit Soda...........		456	149	4,9
Hochtemperaturkoks A				
unbehandelt	1,1	10	18	0,8
mit Soda...........		80	30	4,1
Hochtemperaturkoks B				
unbehandelt	1,1	23	14	2,6
mit Soda...........		106	41	4,1
Hochtemperaturkoks C				
unbehandelt	2,0	539	196	4,3
mit Soda...........		725	155	7,5

Während Werte in der Größenordnung von

$$0,00249\% = 19 \text{ mg/Nm}^3 \ NH_3$$

$$0,00017\% = 2 \text{ mg/Nm}^3 \ HCN$$

nach obiger Rechnung erwartet werden könnten, hat Lees solche von 10 bis 500 mg NH_3/Nm³ und 14 bis 196 mg HCN/Nm³ festgestellt. Ferner eine gewisse, wenn auch nicht deutliche Abhängigkeit vom Stickstoffgehalt des Brennstoffs und eine starke Erhöhung der Ammoniakbildung durch den Sodazusatz, während die Cyanwasserstoffbildung teils ein wenig erhöht, teils erniedrigt wurde. Dampfzusatz zeigte, im Gegensatz

---

[1] Siehe Fußnote 2, S. 60.

zu den Ergebnissen des Mondgasverfahrens, keine Erhöhung der NH_3- und HCN-Ausbeuten. Das NH_3/HCN-Verhältnis liegt bei Lees durchweg unter dem hier erwarteten von rd. 10.

Abgesehen von den ungeheueren und nicht erklärbaren Schwankungen (von der Schwierigkeit des Nachweises als Erklärung abgesehen) zwischen den drei Kokssorten A, B und C, zeigen diese Werte, daß weit größere NH_3 und HCN-Werte nachgewiesen werden als durch den Vergasungsvorgang gebildet worden sein können. Der größte Teil dieser Stickstoffverbindungen muß daher aus den flüchtigen Bestandteilen oder aus Adsorptionswasser stammen, in welchem sich Stickstoffsalze in Lösung befinden. Die Stickstoffverbindungen spielen im Vergasungsvorgang selbst eine sehr untergeordnete Rolle.

V. Verhalten des Schwefels im Gaserzeuger.

Schwefelverbindungen sind unerwünschte Bestandteile des Gases. Sie tragen zur Korrosion durch Kondensate oder durch kondensierende Verbrennungsprodukte (SO_3), zur Ausscheidung harzartiger Verschmutzungen, zur Schwefelaufnahme des Eisens in Schachtöfen und zur Vergiftung von Katalysatoren bei der Synthese bei. Die Schwefelreinigung ist daher ein wichtiger Bestandteil von Wassergas-, Synthesegas- und Ferngasanlagen, und eine Kenntnis der Verteilung des Schwefels auf die verschiedenen Schwefelverbindungen ist erwünscht.

Je nach dem angewandten Vergasungsverfahren, der Vorbehandlung des Vergasungsbrennstoffs und der Wahl des Vergasungsmittels können wir drei Quellen für die im Gas auftretenden Schwefelverbindungen angeben:

1. der Schwefel in den Entgasungsprodukten des Brennstoffs,

2. der Schwefel in den Vergasungsprodukten des Brennstoffs,

3. die Schwefelverbindungen im Vergasungsmittel.

Das Verhalten des Kohlenschwefels bei der Entgasung ist mit Rücksicht auf die praktische Bedeutung des Problems für das Kokereiwesen eingehend in der Literatur behandelt worden[1]. Der Schwefel tritt

---

[1] Muhlert, F.: Der Kohlenschwefel. (Kohle. Koks. Teer. Bd. 21.) Halle (Saale): W. Knapp 1930. — Muhlert, F.: Der Verbleib des Kohlenschwefels bei der Schwelung, Verkokung, Vergasung und Verbrennung der Kohlen. Feuerungstechn. Bd. 25 (1937), Nr. 5, S. 149 bis 154. — Thiessen, Gilbert: Forms of sulfur in coal. In H. H. Lowry: Chemistry of Coal Utilization. New York u. London: John Wiley & Sons, Inc., u. Chapman & Hall Ltd. 1945, Bd. I, S. 425 bis 449. — Powell, Alfred R.: Gas from coal carbonization. Preparation and properties. Ibid. Bd. II, S. 944—946. — Gollmar, Herbert A.: Removal of sulfur compounds from coal gas. Ibid. Bd. II, S. 947 bis 1007.

im Brennstoff im allgemeinen in drei Formen auf, als organischer Schwefel in engster Bindung mit der organischen Substanz und daher auch aufbereitungstechnisch nicht erfaßbar, als Pyritschwefel (Sulfide) — so besonders in den Steinkohlen — und als Sulfatschwefel, so besonders in jungen Steinkohlen und vor allem in Braunkohlen.

Der Gesamtschwefel geht bei dem Entgasungs-, Vergasungs- und Verbrennungsvorgang, den der Brennstoff im Gaserzeuger nacheinander durchläuft, teils in die Schlacke bzw. die Rückstände größtenteils ins Gas, während ein kleiner Anteil im Staub verbleibt oder im Teer enthalten ist. Die laboratoriumsmäßige Ermittlung des „verbrennlichen" Schwefels ist kein genaues Maß — obwohl ein roher Anhalt — für den in das Gas übergehenden Schwefel, da die Verbrennungsbedingungen und Temperaturen im Gaserzeuger von den Bedingungen des Laboratoriumsversuchs stark abweichen können. Aus dem gleichen Grunde können Unterschiede im Verhalten des Schwefels bei der Entgasung im Gaserzeuger gegenüber dem Entgasungsvorgang in der Retorte oder im Koksofen auftreten, so geht z. B. die Entgasung in der Vorwärmzone des Gaserzeugers bei mäßigen Temperaturen und in einer anderen Atmosphäre, in Gegenwart großer Wasserstoff- und Wasserdampfmengen, vor sich, die eine entschwefelnde Wirkung auf den festen Brennstoff ausüben.

Die in den Entgasungsprodukten enthaltenen Schwefelverbindungen sind in erster Linie Schwefelwasserstoff (94 bis 97 %) und geringe Mengen an Schwefelkohlenstoff (CS_2), Kohlenoxysulfid (COS), ferner geringe Mengen an Thiophenen (C_4H_4S und Homologe, hauptsächlich Methylthiophen, $CH_3 \cdot C_4H_3S$), Mercaptane (Äthylmercaptan $C_2H_2 \cdot HS$ und Methylmercaptan $CH_3 \cdot HS$), Thioäther (z. B. $CH_3 \cdot S \cdot CH_3$) und Disulfide (z. B. Methyldisulfid, $CH_3 \cdot S \cdot CH_3$). Bei der Verkokung gehen etwa 50 % in den Koks, 3 % in den Teer, der Rest in das Gas. Im Gaserzeuger tritt, besonders bei „trockener" Vergasung auch SO_2 im Gas auf, welches in erster Linie ein Produkt des Röstprozesses des Pyritschwefels sein dürfte, jedoch findet hier dieser Röstprozeß in einer Gasatmosphäre statt, die praktisch sauerstofffrei ist.

Die thermische Spaltung[1] des FeS_2 kann nach

$$FeS_2 + 16\,Fe_2O_3 = 11\,Fe_3O_4 + 2\,SO_2 \qquad (300)$$

$$FeS_2 = FeS + \tfrac{1}{2}S_2 \qquad (301)$$

$$FeS + 3\,Fe_2O_3 = 7\,FeO + SO_2 \qquad (302)$$

$$FeS + 3\,Fe_3O_4 = 10\,FeO + SO_2 \qquad (303)$$

---

[1] WENDEBORN, H.: Die Röstung und Sinterung von Erzen. In A. EUCKEN u. M. JAKOB: Der Chemie-Ingenieur, Bd. III, Teil 5. Leipzig: Akad. Verlagsbuchh. 1940, S. 274 bis 387.

vor sich gehen. In Gegenwart von Sauerstoff entsteht dabei in erster
Linie SO_2, in Gegenwart von Wasserdampf H_2S und in Gegenwart von
Generatorgas ein Gemisch aus SO_2, H_2S und COS. Die Vollständigkeit
der SO_2-Umwandlung hängt außer von der Temperatur auch von der
Güte der Gasmischung und folglich von der Belastung ab.

Der im Koks verbleibende und in die Vergasungszone gelangende
Schwefel wird je nach der Natur des Vergasungsmittels in Schwefelwasserstoff und organischen Schwefel (COS) überführt. Das S. 75
durchgerechnete Beispiel zeigt, daß SO_2 durch Vergasung nicht gebildet
werden kann, und daß aus der Oxydationszone stammendes oder
mit dem Vergasungsmittel eingeführtes SO_2 in H_2S und COS übergeht. In Abwesenheit von Feuchtigkeit und von Wasserstoff im
Brennstoff — ein Fall, der in üblichen Gaserzeugern praktisch
kaum vorkommen dürfte — kann natürlich kein Schwefelwasserstoff entstehen,
es tritt dann hauptsächlich Schwefelkohlenstoff, Schwefeloxysulfid und etwas
dampfförmiger, elementarer Schwefel auf (vgl. Zahlenbeispiel S. 87).

Abb. 3 zeigt die Verteilung der Schwefelverbindungen im Gas bei Ver-
gasung von Kohlenstoff (Koks) mit wechselnden Mengen von Feuchtigkeit im Vergasungsmittel (v'_{H_2O}). Die Ordinate sind Prozent des gesamten Gasschwefels. Die Berechnung basiert auf den Temperaturen und Gasanalysen, die in Zahlentafel 6 zusammengestellt sind. Je niedriger die Temperatur und je höher der Wasserdampfgehalt im Vergasungsmittel ist,

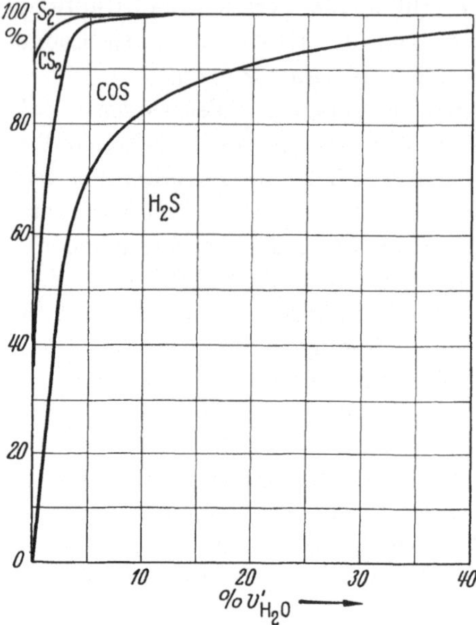

Abb. 3. Verteilung der Schwefelverbindungen im
Gas in Funktion des Wassergehaltes des
Vergasungsmittels.

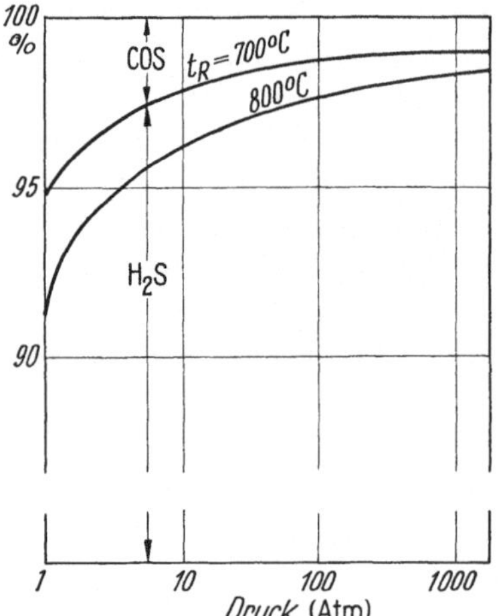

Abb. 4. Verteilung der Schwefelverbindungen bei Druckvergasung mit Wasser-
dampf-Sauerstoff-Gemisch (bei 700 und
800 ° C Reaktionstemperatur).

desto höher ist der H_2S-Anteil. CS_2 und S_2 treten nur bei sehr hohen
Temperaturen und sehr niedrigen Wasserdampfgehalten, SO_2 überhaupt

nicht auf. Bei Hochdruckvergasung wird die CS_2- und S_2-Bildung
noch weiter zurückgedrängt, und da das Vergasungsmittel bei Sauerstoffvergasung sehr reich an Wasserdampf ist, steigt der H_2S-Gehalt
bis über 98%, z. B. bei 20 at; vgl. Abb. 4 und S. 24.

Zahlentafel 6.

*Reaktionstemperatur und Gaszusammensetzung bei der Vergasung von Kohlenstoff
mit Luft wechselnden Wasserdampfgehaltes.*

v'_{H_2O}	0,00	0,025	0,05	0,10	0,20	0,40
t_R °C	1200	1096	960	795	700	600
% CO	34,69	35,29	35,69	34,15	26,75	12,31
% CO_2	0,01	0,03	0,14	1,67	6,89	15,57
% H_2	0,00	2,03	3,98	7,55	13,60	21,50
% H_2O	0,00	0,00	0,03	0,35	2,25	10,72
% CH_4	0,00	0,00	0,00	0,01	0,06	0,51
% N_2	65,30	62,65	61,16	56,27	50,45	39,39
	100,00	100,00	100,00	100,00	100,00	100,00

Verteilung der Schwefelverbindungen[1]

% H_2S	0,00	51,06	71,10	82,91	91,45	97,17
% COS	36,05	37,77	27,67	17,05	8,55	2,83
% CS_2	55,87	9,86	1,10	0,04	0,00	0,00
% S_2	8,08	1,31	0,13	0,00	0,00	0,00
% SO_2	0,00	0,00	0,00	0,00	0,00	0,00
	100,00	100,00	100,00	100,00	100,00	100,00

Aus diesen Ergebnissen geht hervor, daß es in vielen Fällen genügt,
nur den Schwefelwasserstoff zu berücksichtigen. Da nur wenig Mehrarbeit damit verknüpft ist, wird empfohlen, auch den COS-Gehalt mitzuberücksichtigen, gegebenenfalls erst nach Abschluß der Rechnung, da
der COS-Gehalt meist so gering ist, daß seine Rückwirkung auf die
Kohlenstoffbilanz vernachlässigt werden darf. CS_2 und S_2 sind nur in
Sonderfällen zu beachten, so bei großen Schwefelmengen im Gas und bei
hohen Temperaturen und trockener Vergasung. Durch Außerachtlassung
des SO_2-Gehaltes, was in jedem Falle berechtigt ist, können vereinfachte
Berechnungsverfahren herangezogen werden, wofür mehrere Beispiele
angegeben worden sind.

Sehen wir von den Schwefelverbindungen der Entgasungsprodukte
ab, d. h. betrachten wir einen entgasten, schwefelhaltigen Brennstoff
(Koks) mit wechselndem Schwefelgehalt, so ergibt sich die in Zahlentafel 7 angegebene Gaszusammensetzung.

---

[1] Die absolute Menge hängt vom Schwefelgehalt des **Brennstoffs** ab.

Zahlentafel 7. Vergasung von Koks mit verschiedenem Schwefelgehalt[1].

Analyse des Kokses (schwefel-, asche- und wasserfrei):
97,88% C; 0,61% H_2; 0,50% O_2; 1,01% N_2 .

Analyse des Vergasungsmittels (Luft-Wasserdampf-Gemisch):
17,45% H_2O; 17,34% O_2; 65,21% N_2 .

Gaszusammensetzung:

% S im Koks .	0,00	0,80	1,70	3,50
t_R °C	705,8	719	725	737
% CO	27,23	28,85	29,53	30,78
% CO_2	6,10	5,18	4,79	4,08
% H_2	12,98	13,05	13,03	12,93
% H_2O	1,92	1,64	1,52	1,29
% CH_4	0,06	0,05	0,05	0,04
% H_2S	0,00	0,10	0,20	0,43
% COS	0,00	0,01	0,02	0,05
% N_2	51,71	51,12	50,86	50,40
	100,00	100,00	100,00	100,00

Gasheizwert:

H_u kcal/Nm_5 ..	1161	1217	1243	1293

Man erkennt aus dieser Zusammenstellung, daß steigender Schwefelgehalt in einem im übrigen unveränderten Brennstoff nicht nur eine proportionale Steigerung der Schwefelverbindungen im Gas hervorruft, sondern vor allem auch eine Steigerung der Reaktions- oder Gleichgewichtstemperatur, die ihrerseits wiederum eine nicht unbedeutende Veränderung in der Verteilung der übrigen Gasbestandteile bedingt. Es ist daher nicht zu vertreten, bei derartigen Rechnungen den Schwefelgehalt als von untergeordneter Bedeutung zu vernachlässigen, wie das bisher meist geschehen ist. Man sieht, daß in Fällen wie in dem hier gewählten, durchaus nicht ausgefallenen Beispiel eher eine Vernachlässigung des Methangehaltes zugelassen werden könnte als die des zwei- bis zehnfach größeren Schwefelwasserstoffgehaltes.

Das Verhalten des Schwefels im Gaserzeuger[2][3] ist von CRABTREE und POWELL[4], KAUFMANN[5], BRONN[6], JUNG[7], BERG[8] und anderen diskutiert und durch Aufstellung von Schwefelbilanzen untersucht worden.

---

[1] GUMZ, WILHELM: Verhalten der Schwefel- und Stickstoffverbindungen bei der Vergasung und ihre rechnerische Ermittlung. Brennstoff, Wärme, Kraft, Bd. 4 (1952), Nr. 1, S. 13 bis 16.

[2] Siehe Fußnote 1, S. 62.

[3] VAN DER HOEVEN, B. J. C.: Producers and producer gas. In H. H. LOWRY: Chemistry of Coal Utilization. Bd. II, S. 1648 bis 1649, 1650 bis 1651.

[4] CRABTREE, FREDERICK u. A. R. POWELL: Sulfur in producer gas. Trans. A.I.M.E. Bd. 63 (1920), S. 717 bis 722.

[5] KAUFMANN, CARL F.: A test on sulphur content of clean, cold producer gas. Ind. Eng. Chem. Bd. 22 (1920), Nr. 12, S. 544.

[6] BRONN, J.: Verringerung und Verhalten des im Generatorgas enthaltenen

BERG gibt für einen Generator von 2,6 m Innendurchmesser bei Vergasung von 0,88 t/h oberschlesischer Kohle (Grube Paulus, Wolfgang und Gotthard) als Durchschnittswert von 5 Tagen folgende Aufteilung an:

Zahlentafel 8. *Schwefelverteilung beim Generatorbetrieb nach T. Berg*[8]

Brennstoff: Oberschlesische Steinkohle

Kurzanalyse:

5,2%	Wasser
33,1%	flüchtige Bestandteile
53,7%	fixer Kohlenstoff
8,0%	Asche
100,0%	

Elementaranalyse (asche- und wasserfrei):

84,0%	C
5,1%	H_2
1,1%	S
9,8%	$O_2 + N_2$
100,0%	

Verteilung des Brennstoffschwefels (bzw. auf den Anlieferungszustand)

Pyritschwefel	56,0%	0,56%
Organ. Schwefel	43,0%	0,43%
Sulfatschwefel	1,0%	0,01%
	100,0%	1,00%
Flüchtiger Schwefel (Laboratoriumsbest.)		0,74%

Verteilung des Gesamtschwefels:

In den Rückständen	7,5%
Im Ruß und Staub	5,6%
Im Teer	0,9%
Im Gas als H_2S	66,3%
als SO_2	13,3%
als org. S	6,4%
	100,00%

Gaszusammensetzung (ohne Schwefel):

3,8% CO_2; 0,3% O_2; 29,3% CO; 3,3% CH_4; 7,9% H_2

In Übereinstimmung mit der Rechnung beträgt bei den vorliegenden Verhältnissen (Reaktionstemperatur zwischen 720 und 730° C) der COS-Gehalt rd. $^1/_{10}$ des H_2S-Gehaltes. Der verhältnismäßig hohe SO_2-Gehalt kann nur aus den flüchtigen Bestandteilen stammen. Die Umwandlung in H_2S ist unvollständig, da der Wasserdampfzusatz verhältnismäßig niedrig liegt.

Schwefels im Siemens-Martin-Ofen. Stahl und Eisen Bd. 46 (1926), Nr. 3, S. 78 bis 80.

[7] JUNG: Die Aufnahme des Schwefels aus dem Heizgas im Siemens-Martin-Ofen. V. D. Eh. Stahlwerksausschuß Ber. Nr. 83.

[8] BERG, TORSTEN: Svavel i generatorgas. (Schwefel im Generatorgas). Jernkont. Annal. Bd. 114 (1930), Nr. 5, S. 213 bis 272.

Im Hochofenbetrieb ist es üblich, den Schwefel durch Kalkzuschlag an CaO zu binden, um ihn in die Schlacke zu überführen und zu verhindern, daß er in das Roheisen übergeht. Nach einem Vorschlag von Bronn[1] kann diese Maßnahme auch auf den Gaserzeugerbetrieb angewendet werden. Mit Saarkohle als Vergasungsbrennstoff mit einem Schwefelgehalt von 1,43% und einem Aschengehalt von 12,67% gelang es, den Schwefel in der Schlacke von 1,54% auf 2,79% zu erhöhen. Berg[2] konnte ein gleich gutes Ergebnis bei seinen Versuchen mit oberschlesischer Kohle nicht erzielen, obwohl der Schwefelgehalt im Gas etwas zurückging. Kalkfilter zur Entschwefelung von Generator- und Reduktionsgasen bei hohen Temperaturen sind auch von Edwin beim Norsk-Staal-Verfahren[3] und von Wiberg in seinem Eisenschwamm-Verfahren[4] vorgschlagen worden.

Zum Abschluß seien diejenigen Fälle besprochen, bei denen Schwefelverbindungen, vorzugsweise SO_2, mit dem Vergasungsmittel in den Gaserzeuger eingeführt werden. Das beschriebene und durch Rechnung belegte Verhalten des Schwefels beim Vergasungsvorgang gibt uns ein Mittel an die Hand, schweflige Säure aus Röstgasen oder sonstigen metallurgischen Abgasen in andere Schwefelverbindungen und schließlich in Elementarschwefel überzuführen. Diese Möglichkeit ist sowohl vom Standpunkt der Schwefelreinigung als auch besonders der Schwefelgewinnung als Nebenproduktenbetrieb metallurgischer Verfahren beachtenswert.

Mehrere solcher Prozesse sind in großtechnischem Maßstab in Betrieb zum Teil auch wieder aufgegeben worden, soweit sie sich als unwirtschaftlich erwiesen haben[5]. Dazu zählen der Trail-Prozeß, der Orkla-Prozeß, der Boliden-Prozeß, alle drei nach dem Ort ihrer erstmaligen Verwendung bezeichnet, und das ICI-Verfahren. Beim Trail-Prozeß wird ein Teil des dem Gas durch einen Adsorptionsprozeß entzogene SO_2 mit etwas Sauerstoff unten in einen mit Koks betriebenen Gaserzeuger eingeblasen, der Rest des SO_2 wird dem Gas am Gaserzeugeraustritt zugesetzt, und dieses Gemisch wird durch einen Zyklon, eine ausgegitterte

---

[1] Bronn, Jegor: DRP. 455595 — Vgl. Fußnote 6 S. 66.

[2] Siehe Fußnote 8 S. 67.

[3] Wüst, F.: Die direkte Erzeugung des Eisens. Stahl und Eisen Bd. 47 (1927), Nr. 22 u. 23, S. 905 bis 915, 955 bis 965.

[4] Améen, Einer: Swedish sponge iron. Iron Age Bd. 153 (1944), Jan. 20, S. 55 bis 59, Jan. 27, S. 56 bis 65.

[5] Cole, R. J.: The Removal of Sulphur from Smelter Fumes. A Report by Ontario Research Foundation (1947), Toronto 1949. — King, A. R.: Economic utilization of sulfur dioxide from metallurgical gases. Ind. Eng. Chem. Bd. 42 (1950), Nr. 11, S. 2241 bis 2248. — Katz, Morris u. R. J. Cole: Recovery of sulfur compounds from atmospheric contaminants. Ind. Eng. Chem. Bd. 42 (1950), Nr. 11, S. 2258 bis 2269. — US. Bureau of Mines. Progress Report — Metallurgical Division. Report of Investigation 3339, 1937.

Kammer und schließlich durch einen mit Aluminium-Katalysator gefüllten Reaktor geschickt, wo das COS in elementaren Schwefel überführt wird. Feuchtigkeit wird möglichst vermieden, um die H_2S-Bildung hintanzuhalten. Aus diesem Grunde wird auch Koks, nicht Kohle als Brennstoff empfohlen.

Beim Boliden-Prozeß und bei dem ähnlich arbeitenden Verfahren der Imperial Chemical Industries, Ltd. — beide sind zusammengeschlossen in der Sulphur Patents, Ltd., Billingham, England — wird entweder das Röstgas direkt unter Luftzusatz oder reines SO_2 mit 50 bis 60% Luft — nach dem Brit. Pat. 406343 von D. TYRER (ICI) mit 25% Luft — in einen Gaserzeuger eingeführt. Der Prozeß wird bei möglichst hohen Temperaturen und mit einem solchen SO_2-Überschuß durchgeführt, daß im Endgas noch genügend SO_2 vorhanden ist, um mit den übrigen Schwefelbestandteilen elementaren Schwefel zu bilden. Beim Orkla-Prozeß[1] wird ein hochofenartiger Abstichgaserzeuger verwendet. Bei der direkten Verwendung von Röstgasen (Boliden-Prozeß) ist der Brennstoffverbrauch sehr hoch, etwa 1,75 t Koks je t Schwefelerzeugung, bei reinem SO_2 (ICI- und Trail-Prozeß) etwa 0,75 t/t Schwefel. Die Verwendung von Kohle und ein Generatorbetrieb mit Dampfzusatz ist ohne weiteres möglich. Die Weiterverarbeitung des erzeugten Schwefelwasserstoffs erfolgt dann im CLAUS-Ofen[2] durch die Reaktion

$$2\,H_2S + SO_2 = 3\,S + 2\,H_2O\,. \qquad (304)$$

Die Rechnung erweist sich als äußerst nützlich bei den vielerlei Möglichkeiten (Wahl des Vergasungsmittels, des Brennstoffs, des Vergasungsverfahrens, des Druckes, des Luft- oder Sauerstoffzusatzes usf.) optimale Betriebsbedingungen für einen derartigen, etwas ungewöhnlichen Generatorbetrieb festzulegen. Gaserzeugung, Gaszusammensetzung, Brennstoff- und Luftbedarf können ermittelt und die wirtschaftlichen Voraussetzungen für derartige Fälle vorher geprüft werden. Gerade für die Beurteilung ungewöhnlicher Betriebsverhältnisse ist ja der direkte Nutzen der Rechnung durch die Ausschaltung unnötiger und kostspieliger Versuche am größten und am deutlichsten zu erkennen.

Es ist — auch ohne Rechnung — leicht einzusehen, daß die unmittelbare Verwendung von Röstgasen, selbst bei einer verhältnismäßig hohen SO_2-Konzentration von beispielsweise 10 bis 15%, unwirtschaftlich sein muß, da der Durchsatz eines so hohen Gasballastes einen übermäßig hohen Brennstoffverbrauch bedingt, die Leistung beschränkt und durch Herabsetzung der Reaktionstemperatur kein verwertbares Nebenprodukt (Gas) entstehen läßt. Die Konzentration der schwefligen Säure auf

---

[1] Schwed. P. 79532 (1934), Brit. P. 350625 u. 352477 (1930).

[2] NEUMANN, BERNHARD: Lehrbuch der chemischen Technologie und Metallurgie. 3. Aufl. Berlin: Springer 1939. Bd. 1, S. 188 u. 268.

100% SO_2 und die Ausschaltung des großen Stickstoff-, Kohlensäure- und Wasserdampfballastes bedeutet — trotz der Kosten der Absorptionsverfahren — einen Gewinn und eine wesentliche Entlastung des Gaserzeugers mit einer entsprechenden Verringerung des Brennstoffverbrauches. Die Möglichkeit der Gewinnung von Generatorgas als Nebenprodukt und die Einschaltung dieses Gases in die Wärmewirtschaft der betreffenden Anlage bietet gute Aussichten für eine wirtschaftliche Lösung, besonders wenn billigere Brennstoffe als Hochtemperaturkoks verwendet werden können. Diese Möglichkeit steht im engen Zusammenhang mit der derzeitigen Bemühung um die Entwicklung von Gaserzeugern mit erweitertem Brennstoffprogramm, die auch backende und minderwertige Brennstoffe zu verarbeiten gestatten.

VI. Zahlenbeispiele.

1. Einfacher Sonderfall.

Gesucht: Gaszusammensetzung bei 650° C, $P = 1$ Atm.
Brennstoff: Kohlenstoff.
Vergasungsmittel: Luft, 21% O_2, 79% N_2.
Gleichgewichtskonstante $K'_{p_B} = 0,3409$.
Lösung: Gl. (65), S. 31.

$$0,3025 \cdot 0,3409 = 0,10312 \qquad\qquad 0,21 \cdot 0,3409 = 0,07159$$

$$v_{CO} = -0,10312 + \sqrt{0,01063 + 0,07159} = -0,1031 + 0,2867 = 0,1836$$

$$v_{CO_2} = 0,21 - 0,605 \cdot 0,1836 = 0,0989$$

$$v_{N_2} = 1 - 0,1836 - 0,0989 = 0,7175 \,.$$

Gesuchte Gaszusammensetzung:

$$18,36\% \ CO \qquad\qquad 9,89\% \ CO_2 \qquad\qquad 71,75\% \ N_2$$

2. Newton-Traustel-Methode.

Gesucht: Gaszusammensetzung bei 700° C, $P = 1$ Atm.
Gleichgewichtskonstanten: $K'_{p_B} = 0,93226 \qquad K'_{p_W} = 0,60176$

$$x_M \, K'_{p_M} = 0,281 \cdot 0,13237 = 0,037196 \,.$$

Brennstoff: Koks, Analyse (wasser- und aschefreie Substanz)

$$97,10\% \ C; \quad 0,60\% \ H_2; \quad 0,50\% \ O_2 \ ; \quad 1,00\% \ N_2; \quad 0,80\% \ S$$

$$C_B = 1,8664 \cdot 0,9710 = 1,81227 \qquad H_B = 11,121 \ \cdot 0,0060 = 0,06673$$

$$O_B = 0,7005 \cdot 0,0050 = 0,00350 \qquad N_B = \ \ 0,8001 \cdot 0,0100 = 0,00800$$

$$S_B = 0,6992 \cdot 0,0080 = 0,00559 \qquad N_B + S_B = 0,01359$$

$$H_B - S_B = 0,06114$$

Vergasungsmittel: Feuchte Luft, Sättigungstemperatur 57,5° C.
Zusammensetzung des Vergasungsmittels:

$$17{,}451\% \text{ H}_2\text{O}, \qquad 17{,}335\% \text{ O}_2, \qquad 65{,}214\% \text{ N}_2$$

$$\text{C}_M = 0 \qquad \text{S}_M = 0 \qquad \text{H}_M = 0{,}17451 \qquad \text{N}_M = 0{,}65214$$

$$\text{O}_M = v'_{\text{O}_2} + 0{,}5\, v'_{\text{H}_2\text{O}} = 0{,}260605 \qquad \frac{1}{\text{C}_B\,\text{O}_M} = 2{,}11736\,.$$

Vorbereitende Rechnung:

$$[(\text{N}_B + \text{S}_B)\,\text{O}_M - 0{,}5\,(\text{N}_B + \text{S}_B)\,\text{C}_M + 0{,}5\,(\text{N}_M + \text{S}_M)\,\text{C}_B - (\text{N}_M + \text{S}_M)\,\text{O}_B]$$

$$= \left[\underbrace{0{,}01359 \cdot 0{,}260605}_{0{,}003542} + 0{,}5 \cdot \underbrace{\overbrace{0{,}65214 \cdot 1{,}81227}^{1{,}181854}}_{0{,}590927} - \underbrace{0{,}65214 \cdot 0{,}00350}_{0{,}002282}\right]$$

$$[(\text{H}_B - \text{S}_B)\,\text{O}_M - 0{,}5\,(\text{H}_B - \text{S}_B)\,\text{C}_M + 0{,}5\,(\text{H}_M - \text{S}_M)\,\text{C}_B - (\text{H}_M - \text{S}_M)\,\text{O}_B]$$

$$= \left[\underbrace{0{,}06114 \cdot 0{,}260605}_{0{,}015933} + 0{,}5 \cdot \underbrace{\overbrace{0{,}17451 \cdot 1{,}81227}^{0{,}316259}}_{0{,}158130} - \underbrace{0{,}17451 \cdot 0{,}00350}_{0{,}000611}\right]$$

$$A = 1 + 2{,}11736 \times 0{,}592187 = 2{,}25387$$
$$B = 1 + 2{,}11736 \times 1{,}183114 = 3{,}50508$$
$$C = 1 + 2{,}11736 \times 0{,}590927 = 2{,}25120$$
$$D = 1 + 2{,}11736 \times 0{,}001260 = 1{,}00267$$

$$A^* = 2{,}11736 \times 0{,}173452 = 0{,}36726$$
$$B^* = 2{,}11736 \times 0{,}331581 = 0{,}70208$$
$$C^* = 1 - 2{,}11736 \times 0{,}158130 = 0{,}66519$$
$$D^* = 2 - 2{,}11736 \times 0{,}015322 = 1{,}96756$$

Erste Schätzung: $x = 0{,}265, \qquad y = 0{,}130$

$$\varphi = 2{,}25387 \cdot 0{,}265 \qquad\qquad = \quad 0{,}59728$$
$$3{,}50508 \cdot \underbrace{0{,}070225 \cdot 0{,}93226}_{0{,}065468} \qquad = \quad 0{,}22947$$

$$y \;=\; 0{,}13000$$
$$2{,}25120 \cdot \underbrace{0{,}03445 \cdot 0{,}60176}_{0{,}020731} \qquad = \quad 0{,}04667$$
$$1{,}00267 \cdot \underbrace{0{,}0169 \cdot 0{,}037196}_{0{,}0006286} \qquad = \quad 0{,}00063$$

$$\begin{aligned} &\phantom{\varphi = {}} 1{,}00405\\ &\phantom{\varphi = {}} -1\\ \hline \varphi &= +\,0{,}00405 \end{aligned}$$

$$\varphi_x' = \qquad\qquad\qquad\qquad\qquad\qquad 2{,}25387$$

$$3{,}50508 \cdot \underbrace{0{,}530 \cdot 0{,}93226}_{0{,}49410} \qquad\qquad = \quad 1{,}73186$$

$$2{,}25120 \cdot \underbrace{0{,}13 \cdot 0{,}60176}_{0{,}078229} \qquad\qquad = \quad 0{,}17611$$

$$\varphi_x' = \quad 4{,}16184$$

$$\varphi_y' = \qquad\qquad\qquad\qquad\qquad\qquad 1{,}00000$$

$$2{,}25120 \cdot \underbrace{0{,}265 \cdot 0{,}60176}_{0{,}15947} \qquad\qquad = \quad 0{,}35900$$

$$1{,}00267 \cdot \underbrace{0{,}26 \cdot 0{,}037196}_{0{,}00967} \qquad\qquad = \quad 0{,}00970$$

$$\varphi_y' = \quad 1{,}36870$$

$$\psi = \qquad\qquad\qquad\qquad\qquad\qquad = \quad 0{,}13000$$

$$0{,}66519 \cdot 0{,}020731 \qquad\qquad\qquad = \quad 0{,}01379$$

$$1{,}96756 \cdot 0{,}0006286 \qquad\qquad\qquad = \quad 0{,}00124$$

$$0{,}14503$$

$$- 0{,}36726 \cdot 0{,}265 \qquad = 0{,}09732$$

$$- 0{,}70208 \cdot 0{,}065468 = 0{,}04596$$

$$0{,}14328$$

$$- 0{,}14328$$

$$\psi = \quad 0{,}00175$$

$$\psi_x' = \quad 0{,}66519 \cdot 0{,}078229 \qquad\qquad = \quad 0{,}05204$$

$$- 0{,}36726$$

$$- 0{,}70208 \cdot 0{,}49410 \qquad\qquad\qquad - 0{,}34690$$

$$\psi_x' = - 0{,}66212$$

$$\psi_y' = \qquad\qquad\qquad\qquad\qquad\qquad 1{,}00000$$

$$0{,}66519 \cdot 0{,}15947 \qquad\qquad\qquad 0{,}10608$$

$$1{,}96756 \cdot 0{,}00967 \qquad\qquad\qquad 0{,}01903$$

$$\psi_y' = \quad 1{,}12511$$

$$x_0 - x = \frac{0{,}00175 \cdot 1{,}36870 - 0{,}00405 \cdot 1{,}12511}{\underbrace{4{,}16184 \cdot 1{,}12511}_{4{,}68253} - \underbrace{0{,}66212 \cdot 1{,}36870}_{0{,}90624}}$$

$$5{,}58877$$

$$x_0 - x = \quad 0{,}00175 \cdot 0{,}24490 - 0{,}00405 \cdot 0{,}20132$$

$$= \quad 0{,}00043 - 0{,}00082 = - 0{,}00039$$

$$y_0 - y = -\ 0{,}00405\ \cdot\ 0{,}11847 - 0{,}00175 \cdot 0{,}74468$$
$$= -\ 0{,}00048 - 0{,}00130 = -\ 0{,}00178$$

Als verbesserte Schätzwerte haben wir somit

$$x = 0{,}265 - 0{,}00039 = 0{,}26461$$
$$y = 0{,}13\ \ - 0{,}00178 = 0{,}12822$$

Die Verbesserungen sind so klein, daß eine Abschätzung der Korrektur nach Gl. (112) höchstens eine Änderung der sechsten Stelle erwarten läßt, da $\varDelta x^2 + \varDelta x \varDelta y + \varDelta y^2 = 0{,}000004$. Der nächste Rechnungsschritt wird voraussichtlich bereits eine genügende Genauigkeit (2 Stellen hinter dem Komma) ergeben. Mit den neuen x, y-Werten wird

$$
\begin{aligned}
\varphi = \quad & 2{,}25387 \cdot 0{,}26461 && = 0{,}59640 \\
& 3{,}50508 \cdot 0{,}070018 \cdot 0{,}93226 && = 0{,}22879 \\
& && \ 0{,}12822 \\
& 2{,}25120 \cdot 0{,}033928 \cdot 0{,}60175 && = 0{,}04596 \\
& 1{,}00267 \cdot 0{,}01644\ \ \cdot 0{,}037196 && = 0{,}00061 \\
\cline{4-4}
& && \ 0{,}99998 \\
& && -\ 1 \\
\cline{4-4}
& \varphi = && -\ 0{,}00002 \\
\psi = \quad & && \ 0{,}12822 \\
& 0{,}66519 \cdot 0{,}020416 && = 0{,}01358 \\
& 1{,}96756 \cdot 0{,}0006115 && = 0{,}00120 \\
\cline{4-4}
& && \ 0{,}14300 \\
-\ & 0{,}36726 \cdot 0{,}26461\ \ && = 0{,}09718 \\
-\ & 0{,}70208 \cdot 0{,}065275 && = 0{,}04583 \\
\cline{4-4}
& && -\ 0{,}14301 - 0{,}14301 \\
\cline{4-4}
& \psi = && -\ 0{,}00001
\end{aligned}
$$

Die Berichtigungen ergeben somit schon praktisch hinreichend genaue Werte, es soll trotzdem gezeigt werden, welche Änderungen ein weiterer Rechnungsschritt bringen würde, zumal wir jetzt abgekürzt weiterrechnen können; wir setzen

$$x_0 - x = -\ 0{,}00001 \cdot 0{,}24490 + 0{,}00002 \cdot 0{,}20132 = +\ 0{,}000002$$
$$y_0 - y = 0{,}00002 \cdot 0{,}11847 + 0{,}00001 \cdot 0{,}74468 = +\ 0{,}000009$$

$$
\begin{aligned}
\text{und}\ \ \varphi = \quad & && \ 0{,}59640 \\
& && \ 0{,}22879 \\
& && \ 0{,}12823 \\
& 2{,}25120 \cdot \underbrace{0{,}0339336}_{0{,}020420} \cdot 0{,}60175 && = 0{,}04597 \\
& && \ 0{,}00061 \\
\cline{4-4}
& && \ 1{,}00000 \\
& && -\ 1 \\
\cline{4-4}
& \varphi = && \ 0{,}00000
\end{aligned}
$$

$$\psi = \qquad\qquad\qquad\qquad\qquad 0{,}12823$$
$$0{,}66519 \cdot 0{,}020420 = \quad 0{,}01358$$
$$0{,}00120$$
$$- \; 0{,}14301$$
$$\overline{\psi = 0{,}00000}$$

Die gesuchte Gaszusammensetzung ist also:

$$26{,}46\% \; CO \qquad 6{,}53\% \; CO_2 \qquad 12{,}82\% \; H_2 \qquad 2{,}04\% \; H_2O$$
$$0{,}06\% \; CH_4 \qquad 52{,}09\% \; N_2 \; (+ H_2S + COS)$$

Die Trennung von Stickstoff und Schwefelverbindungen nehmen wir dadurch vor, daß wir nach Gl. (73) die Brennstoffmenge B und dann

$$S_G = B \cdot S_B$$

ermitteln. Die Aufteilung in H_2S und COS wird nach Gl. (206) vorgenommen. Mit

$$a = \frac{v_{H_2}}{v_{CO}} = \frac{0{,}1282}{0{,}2646} = 0{,}4845 , \qquad K^*_{COS} = 0{,}047515$$

wird $\quad m = \dfrac{1}{11{,}197} = 0{,}0893 \quad$ und $\quad (l - m) = 0{,}9107 .$

Die Aufteilung ergibt dann mit $B = C_G/C_B = 0{,}18237$ und

$$S_G = 0{,}18237 \cdot 0{,}00559 = 0{,}00102$$
$$H_2S : 0{,}9107 \cdot 0{,}00102 = 0{,}00093$$
$$COS : 0{,}0893 \cdot 0{,}00102 = 0{,}00009$$

oder $\qquad 0{,}09 \; \% \; H_2S \qquad 0{,}01 \; \% \; COS \qquad 51{,}99 \; \% \; N_2 .$

Auf die Zweckmäßigkeit, das ganze Schema erst niederzuschreiben, ehe mit dem Ausmultiplizieren begonnen wird, sei nochmals hingewiesen. Wie ersichtlich, kommen alle Zwischenergebnisse von φ bei ψ wieder vor, diejenigen von φ'_x bei ψ'_x und die von φ'_y bei ψ'_y, können also von oben übernommen werden. Die Zahl der Rechenoperationen kann dadurch eingeschränkt werden, vor allem können, wie gezeigt, in den folgenden Rechnungsschritten erhebliche Ersparnisse gemacht werden, da auf die Neuberechnung von φ'_x, φ'_y, ψ'_x und ψ'_y verzichtet werden kann. Die Stellenzahl halte man, ungeachtet der geringeren Genauigkeit der gegebenen Analysenwerte, besonders beim Maschinenrechnen möglichst hoch, da man andernfalls zwischen Fehlschätzung und Abrundungsfehler nicht mehr unterscheiden und zu unnötigen Wiederholungen des Rechnungsganges gezwungen werden kann.

3. DERINGER-Methode.

Wollen wir die Aufgabe des vorigen Beispiels nach der abgewandelten DERINGER-Methode (S. 50) lösen, so beginnen wir mit einer Schätzung von drei a-Werten, z. B. $a = 0{,}4 - 0{,}5 - 0{,}6$, und führen die Rechnung dreimal durch. Wir finden dann eineń verbesserten a-Wert in der Nähe von 0,485. Eine Wiederholung mit drei Werten, $0,484 - 0,485 - 0,486$, liefert eine Kurve nach Gl. (191a) in entsprechend vergrößertem Maßstab. Es ergibt sich daraus $a = 0,48460$. Die k_1-, k_2-, k_3-, k_4-Werte sind bei allen Wiederholungen unverändert. Die eigentliche Rechenarbeit besteht, nachdem die k-Werte festliegen, nur in der Bestimmung von A_1, B_1, A_2, B_2 nach Gl. (196) bis (199) und der Lösung nach v_{CO} und v_{CO_2} nach Gl. (194) und (195). Nur die Schlußrechnung sei hier als Beispiel angeführt:

$$t = 700^\circ \text{ C} \qquad P = 1 \text{ Atm} \qquad a = 0,48460$$
$$b = (0,48460)^2 \cdot 0,039899 = 0,0093698$$
$$c = 0,48460 \cdot 0,64518 = 0,312654$$
$$k_1 = 2,11736 \times 0,001260 = 0,002668; \quad (1+b)k_1 = 0,0026930$$
$$k_2 = 2,11736 - 0,590927 = -1,251205; \quad (2+c)k_2 = -2,893604$$
$$k_3 = 2,11736 \times 0,015322 = 0,032442; \quad (1+b)k_3 = 0,0327460$$
$$k_4 = 2,11736 - 0,158130 = -0,334797; \quad (2+c)k_4 = -0,774270$$

$A_1 =$	$B_1 =$	$A_2 =$	$B_2 =$
1,48460	1,00937	0,48460	0,01874
+ 0,00267	+ 0,31265	− 0,03244	+ 0,31265
+ 1,25120	+ 0,00269	− 0,33480	− 0,03275
2,73847	+ 2,89360	0,11736	− 0,77427
	4,21831		− 0,47563

$$v_{CO} = \frac{-0,47563}{-1,30248 - 0,49507} = \frac{-0,47563}{-1,79755} = 0,2646$$
$$v_{CO_2} = \frac{-0,11736}{-1,79755} = 0,0653 \,.$$

Die übrigen Gasbestandteile ergeben sich dann aus den Definitionen von a, b und c. Das Ergebnis ist identisch mit der S. 74 angegebenen Analyse.

4. NEWTON-Verfahren mit drei primären Unbekannten.

Ein Gaserzeuger werde mit Koks gleicher Zusammensetzung wie in den beiden vorigen Beispielen betrieben und mit einem Gemisch aus 75% SO_2 und 25% Luft geblasen. Die Luft habe mit ihrer natürlichen durchschnittlichen Feuchtigkeit die folgende Zusammensetzung

$$20,50\% \text{ O}_2 \qquad 77,14\% \text{ N}_2 \qquad 2,36\% \text{ H}_2\text{O} \,,$$

das Vergasungsmittel folglich:

SO_2	0,75000	$C_M = 0$	
H_2O	0,00590	$H_M = 0,00590$	
O_2	0,05125	$O_M = 0,80420$	
N_2	0,19285	$N_M = 0,19285$	
	1,00000	$S_M = 0,75000$	

Gesucht ist die sich ergebende Gaszusammensetzung bei $t = 600°\,$C und $P = 1\,$Atm. Die zu verwendenden Gleichgewichtskonstanten sind

$$K'_{p_B} = 10{,}558 \qquad K'_{p_W} = 4{,}1358 \qquad x_M\,K_{p_M} = 0{,}281 \cdot 0{,}46357 = 0{,}13026$$

$$K^{**}_{p_{CS_2}} = 0{,}01403 \qquad K^{*}_{H_2S} = 19{,}63 \qquad K^{**}_{p_{S_2}} = 0{,}0009530$$

$$K^{***}_{p_{SO_2}} = 7{,}928 \cdot 10^{-8}\,.$$

Gegebenenfalls durch eine vorangehende vereinfachte Rechenmethode gelangen wir zu folgenden Schätzwerten

$$v_{CO} = x = 0{,}169 \qquad v_{H_2} = y = 0{,}001 \qquad v_{COS} = z = 0{,}270$$

und bestimmen

$$\frac{y}{x} = 0{,}0059172 \qquad \frac{z}{x} = 1{,}59763 \qquad \left(\frac{z}{x^2}\right) = 2{,}5524$$

$$2\,\frac{z^2}{x^3} = \frac{2\left(\frac{z}{x}\right)^2}{x} = 30{,}206 \qquad x\,z = 0{,}04563 \qquad \frac{y\,z}{x} = 0{,}0015976$$

$$\frac{y\,z}{x^2} = 0{,}0094535 \qquad\qquad 2\,\frac{z}{x^2} = 18{,}907\,.$$

Vorbereitende Rechnung, Ermittlung der Faktoren A, B, ... nach Gl. (126) bis (154).

Faktor vor sämtlichen eckigen Klammern $1/(1{,}81227 \cdot 0{,}80420) = 0{,}68614$. Eckige Klammer in A (enthaltend sämtliche Elemente der eckigen Klammer in B, C, D), in A^* und in A^{**}:

$$[\underbrace{0{,}80420 \cdot 0{,}00800}_{0{,}006434} + 0{,}5 \cdot \overbrace{\underbrace{1{,}81227 \cdot 0{,}19285}_{0{,}174748}}^{0{,}349496} - \underbrace{0{,}00350 \cdot 0{,}19285}_{0{,}000675}]$$

$$[\underbrace{0{,}80420 \cdot 0{,}06673}_{0{,}053664} + 0{,}5 \cdot \overbrace{\underbrace{1{,}81227 \cdot 0{,}00590}_{0{,}005346}}^{0{,}010692} - \underbrace{0{,}00350 \cdot 0{,}00590}_{0{,}000021}]$$

$$[\underbrace{0{,}80420 \cdot 0{,}00559}_{0{,}004495} + 0{,}5 \cdot \overbrace{\underbrace{1{,}81227 \cdot 0{,}75}_{0{,}679601}}^{1{,}359203} - \underbrace{0{,}00350 \cdot 0{,}75}_{0{,}002625}]$$

$$\begin{aligned}
A \;&= 1 + 0{,}68614\,[0{,}181857] = 1{,}12478\\
B \;&= 1 + 0{,}68614\,[0{,}355255] = 1{,}24375\\
C \;&= 1 + 0{,}68614\,[0{,}174748] = 1{,}11990\\
D \;&= 1 + 0{,}68614\,[0{,}005759] = 1{,}00395\\
E \;&= A = 1{,}12478\\
F \;&= D = 1{,}00395\\
G \;&= 1 + (B - D) = 1{,}23980
\end{aligned}$$

$A^* = 0{,}68614 \, [0{,}058989] = 0{,}040475$

$B^* = 0{,}68614 \, [0{,}064335] = 0{,}044143$

$C^* = 1 - 0{,}68614 \, [0{,}005346] = 1 - 0{,}003668 = 0{,}99633$

$D^* = 2 - 0{,}68614 \, [0{,}053643] = 2 - 0{,}036807 = 1{,}96319$

$E^* = A^* = 0{,}040475$

$F^* = 2 - D^* = 0{,}036807$

$G^* = B^* - F^* = 0{,}007336$

$A^{**} = 0{,}68614 \, [0{,}681471] = 0{,}46758$

$B^{**} = 0{,}68614 \, [1{,}361073] = 0{,}93389$

$C^{**} = 0{,}68614 \, [0{,}679601] = 0{,}46630$

$D^{**} = 0{,}68614 \, [0{,}001870] = 0{,}00128$

$E^{**} = 1 - A^{**} = 0{,}53242$

$F^{**} = 2 - D^{**} = 1{,}99372$

$G^{**} = 1 - (B^{**} - D^{**}) = 0{,}06739$

$$
\begin{aligned}
\varphi = \;& 1{,}12478 \cdot 0{,}169 && = 0{,}19009 \\
& 1{,}24375 \cdot \underbrace{0{,}028561 \cdot 10558}_{0{,}301547} && = 0{,}37505 \\[1ex]
& \underbrace{0{,}00069895}_{} && 0{,}00100 \\
& 1{,}11990 \cdot 0{,}000169 \cdot 4{,}1358 && = 0{,}00078 \\
& \underbrace{1{,}00395 \cdot 0{,}000001 \cdot 0{,}13026}_{\sim\,0} && = 0{,}00000 \\[1ex]
& 1{,}12478 \cdot 0{,}270 && = 0{,}30369 \\
& 1{,}00395 \cdot \underbrace{2{,}5524 \cdot 0{,}01403}_{0{,}035810} && = 0{,}03595 \\[1ex]
& 0{,}0015976 \cdot 19{,}63 && = 0{,}03136 \\
& 2{,}5524 \cdot 0{,}0009530 && = 0{,}00243 \\
& \underbrace{1{,}23980 \cdot 0{,}04563 \cdot 7{,}928 \cdot 10^{-8}}_{\sim\,0} && = 0{,}00000 \\
& && \overline{0{,}94035} \\
& && -\,1 \\
& && \overline{\varphi = -\,0{,}05965}
\end{aligned}
$$

$$
\begin{aligned}
\varphi'_x = \;& & 3{,}568604 && 1{,}12478 \\
& 1{,}24375 \cdot \underbrace{0{,}338 \cdot 10{,}558}_{} && = 4{,}43845 \\
& 1{,}11990 \cdot \underbrace{0{,}001 \cdot 4{,}1358}_{0{,}0041358} && = 0{,}00463 \\[1ex]
& -\,1{,}00395 \cdot \underbrace{30{,}206 \cdot 0{,}01403}_{0{,}423790} && = 0{,}42546
\end{aligned}
$$

$$- 0{,}0094535 \cdot 19{,}63 \qquad\qquad = 0{,}18557$$
$$- 30{,}206 \cdot 0{,}0009530$$
$$+ 1{,}23980 \cdot 0{,}27 \cdot 7{,}928 \cdot 10^{-8} \qquad = 0{,}00000$$
$$\underbrace{\qquad\qquad\qquad} \qquad \overline{}$$
$$\sim 0 \qquad\qquad \varphi'_x = 6{,}20768$$

$$\varphi'_y = \qquad\qquad 0{,}69895 \qquad\qquad 1{,}00000$$
$$1{,}11990 \cdot \overbrace{0{,}169 \cdot 4{,}1358} \qquad = 0{,}78275$$
$$1{,}00395 \cdot \overbrace{0{,}002 \cdot 0{,}13206} \qquad = 0{,}00027$$
$$0{,}00026412$$

$$1{,}59763 \cdot 19{,}63 \qquad\qquad = 31{,}36148$$
$$\overline{}$$
$$\varphi'_y = 33{,}14450$$

$$\varphi'_z = \qquad\qquad 0{,}265265 \qquad\qquad 1{,}12478$$
$$1{,}00395 \cdot \overbrace{18{,}907 \cdot 0{,}01403} \qquad = 0{,}26631$$
$$0{,}0059172 \cdot 19{,}63 \qquad\qquad = 0{,}11615$$
$$18{,}907 \cdot 0{,}0009530 \qquad\qquad = 0{,}01802$$
$$1{,}23980 \cdot \underbrace{0{,}169 \cdot 7{,}928 \cdot 10^{-8}} \qquad = 0{,}00000$$
$$\sim 0 \qquad\qquad \varphi'_z = 1{,}52526$$

$$\psi = \qquad\qquad\qquad 0{,}00100$$
$$+ 0{,}99633 \cdot 0{,}00069895 \qquad = 0{,}00070$$
$$+ 1{,}96319 \cdot \sim 0 \qquad\qquad = 0{,}00000$$
$$+ 0{,}03136$$
$$\overline{}$$
$$+ 0{,}03306$$

$$- 0{,}040475 \cdot 0{,}169 \qquad = - 0{,}00684$$
$$- 0{,}044143 \cdot 0{,}301547 = - 0{,}01331$$
$$- 0{,}040475 \cdot 0{,}27 \qquad = - 0{,}00132$$
$$- 0{,}007336 \cdot 0 \qquad\qquad = - 0{,}00000$$
$$\overline{}$$
$$- 0{,}03240 - 0{,}03240$$
$$\overline{}$$
$$\psi = 0{,}00066$$

$$\psi'_x = + 0{,}99633 \cdot 0{,}0041358 \qquad = + 0{,}00412$$
$$- 0{,}18557$$
$$\overline{}$$
$$= - 0{,}04048$$
$$- 0{,}044143 \cdot 3{,}568604 \qquad = - 0{,}15753$$
$$+ 0{,}036807 \cdot 0{,}423790 \qquad = + 0{,}01560$$
$$- 0{,}007336 \cdot 0 \qquad\qquad 0{,}00000$$
$$\overline{}$$
$$\psi'_x = - 0{,}36386$$

$$\psi'_y = \qquad\qquad\qquad 1{,}00000$$
$$0{,}99633 \cdot 0{,}69895 \qquad = 0{,}69638$$
$$1{,}96319 \cdot 0{,}00026412 \qquad = 0{,}00052$$
$$31{,}36148$$
$$\overline{}$$
$$\psi'_y = 33{,}05838$$

$$\psi'_z = \qquad\qquad\qquad\qquad\qquad 0{,}11615$$
$$-\ 0{,}04048$$
$$-\ 0{,}036807 \cdot 0{,}265265 \qquad = -\ 0{,}00976$$
$$-\ 0{,}007336 \cdot 0 \qquad\qquad = \quad 0{,}00000$$
$$\psi'_z = \quad 0{,}06591$$

$$\chi = 0{,}53242 \cdot 0{,}27 \qquad\qquad = \quad 0{,}14375$$
$$1{,}99872 \cdot 0{,}035810 \qquad = \quad 0{,}07157$$
$$0{,}03136$$
$$0{,}00243$$
$$0{,}00000$$
$$+\ 0{,}24911$$

$$-\ 0{,}46758 \cdot 0{,}169 \qquad\quad = -\ 0{,}07902$$
$$-\ 0{,}93389 \cdot 0{,}301547 \quad = -\ 0{,}28161$$
$$-\ 0{,}46630 \cdot 0{,}00069895 = -\ 0{,}00033$$
$$-\ 0{,}00128 \cdot 0 \qquad\qquad = -\ 0{,}00000$$
$$-\ 0{,}36096 - 0{,}36096$$
$$\chi = -\ 0{,}11185$$

$$\chi'_x = -\ 1{,}99872 \cdot 0{,}42379 \qquad = -\ 0{,}84704$$
$$-\ 0{,}18557$$
$$-\ 0{,}02879$$
$$0{,}00000$$
$$-\ 0{,}46758$$
$$-\ 0{,}93389 \cdot 3{,}568604 \qquad = -\ 3{,}33327$$
$$-\ 0{,}46630 \cdot 0{,}0041358 \qquad = -\ 0{,}00193$$
$$\chi'_x = -\ 4{,}86418$$

$$\chi'_y = \qquad\qquad\qquad\qquad\qquad 31{,}36148$$
$$-\ 0{,}46630 \cdot 0{,}69895 \qquad = -\ 0{,}32592$$
$$-\ 0{,}00128 \cdot 0{,}00026412 \quad = -\ 0{,}00000$$
$$\chi'_y = -\ 31{,}03556$$

$$\chi'_z = \qquad\qquad\qquad\qquad\qquad 0{,}53242$$
$$+\ 1{,}99872 \cdot 0{,}265265 \qquad = \quad 0{,}53019$$
$$0{,}11615$$
$$0{,}01802$$
$$0{,}00000$$
$$\chi'_z = \quad 1{,}19678$$

Die Koeffizienten des Gleichungssystems

$$\varphi'_x \varDelta x + \varphi'_y \varDelta y + \varphi'_z \varDelta z = -\ \varphi$$
$$\psi'_x \varDelta x + \psi'_y \varDelta y + \psi'_z \varDelta z = -\ \psi$$
$$\chi'_x \varDelta x + \chi'_y \varDelta y + \chi'_z \varDelta z = -\ \chi$$

schreiben wir in Tabellenform nieder, dies ist nun unsere Hauptmatrix.
Setzen wir dann die Hilfsmatrix und alle erforderlichen Zwischen-
rechnungen, gemäß dem REEDschen Vorschlag, gleich unter die entsprechenden Elemente der Hauptmatrix, so erhalten wir in unserem
Zahlenbeispiel das folgende Bild (siehe gegenüberstehende Seite):

Zur besseren Hervorhebung sind die Werte der Hilfsmatrix, mit denen
wir ja nur weiterrechnen, umrandet. Die Lösung für $\varDelta z$ ist gleich dem
Element b_{34}. Die Lösungen für $\varDelta y$ und $\varDelta x$ stehen unter den Elementen
b_{24} und b_{14}. Man lasse dort also beim Niederschreiben einen entsprechenden Platz frei. Zur Verdeutlichung sind hier außerdem die Bezeichnungen
der einzelnen Elemente der Matrizen vor die betreffenden Zahlen gesetzt
— gemäß dem allgemeinen Schema S. 44 —, um sie besser identifizieren
zu können. Der Rechner kann darauf verzichten.

Mit diesem Ergebnis lauten nunmehr unsere verbesserten Ausgangswerte

$$
\begin{array}{lll}
x = \quad 0,16900 & y = \quad 0,00100 & z = \quad 0,27000 \\
\underline{- \ 0,00680} & \underline{- \ 0,00024} & \underline{+ \ 0,07198} \\
\quad 0,16220 & \quad 0,00076 & \quad 0,34198
\end{array}
$$

Damit wird $(z/x)^2 = 4,55697$, $\qquad y\,z/x = 0,0016224$,
wir können uns indessen auf die Neuberechnung von φ, ψ und χ beschränken und haben dann auch nur die 4. Spalte der Matrix zu wiederholen, also einen wesentlich abgekürzten Rechnungsgang. Es wird nun

$$
\begin{aligned}
\varphi \ = \quad 1,12478 \cdot 0,16220 \qquad\qquad &= \quad 0,18244 \\
1,24375 \cdot \underbrace{0,0263088}_{0,277768} \cdot 10,558 \qquad &= \quad 0,34547 \\[2pt]
&\quad\ \ 0,00076 \\[2pt]
1,11990 \cdot \underbrace{0,00012327}_{\ } \cdot 4,1358 \qquad &= \quad 0,00057 \\
1,00395 \cdot 0 \qquad\qquad\qquad\quad &= \quad 0,00000 \\
1,12478 \cdot 0,34198 \qquad\qquad\quad &= \quad 0,38465 \\
1,00395 \cdot \underbrace{4,55697 \cdot 0,01403}_{0,063934} \qquad &= \quad 0,06419 \\[6pt]
0,0016224 \cdot 19,63 \qquad\qquad\quad &= \quad 0,03185 \\
4,55697 \cdot 0,000953 \qquad\qquad\ &= \quad \underline{0,00434} \\[2pt]
&\quad\ \ 1,01427 \\
&\quad\ \underline{- \ 1} \\
\varphi = & \ + 0,01427
\end{aligned}
$$

with the bracketed value 0,00050983 above the second underbrace group.

				Kontrollspalte
a_{11} $\boxed{6{,}20768}$ $= c_{11}$	a_{12} 33,14450 b_{12} $\boxed{-5{,}33927}$	a_{13} 1,52526 b_{13} $\boxed{-0{,}245705}$	a_{14} $-$ 0,05965 b_{14} $\boxed{+0{,}00960906}$ $-$ 0,01768586 $+$ 0,00127213 $-$ 0,00680467 $= \Delta x$	$+$ 0,05965
a_{21} $\boxed{-0{,}36386}$ $= c_{21}$	a_{22} 33,05838 $+$ 1,94275 c_{22} $\boxed{35{,}00113}$	a_{23} 0,06591 $+$ 0,08940 $+$ 0,15531 : $(-c_{22})$ b_{23} $\boxed{-0{,}0044373}$	a_{24} $+$ 0,00066 $-$ 0,00350 $-$ 0,00284 : $(-c_{22})$ b_{24} $\boxed{+0{,}000081140}$ $-$ 0,00031940 $-$ 0,00023826 $= \Delta y$	$-$ 0,00066
a_{31} $\boxed{-4{,}86418}$	a_{32} 31,03556 $+$ 25,97117 c_{32} $\boxed{57{,}00673}$	a_{33} 1,19678 $+$ 1,19515 $-$ 0,25296 c_{33} $\boxed{+2{,}13897}$	a_{34} $-$ 0,11185 $-$ 0,04674 $+$ 0,00463 $-$ 0,15396 : $(-c_{33})$ b_{34} $\boxed{+0{,}07198}$ $= \Delta z$	$+$ 0,11185
Kontrollzeile a_{01} $\boxed{-0{,}97964}$ $= c_{01}$	a_{02} $-$ 97,23844 $+$ 5,23056 c_{02} $\boxed{-92{,}00788}$ $+$ 92,00786 0,00002	a_{03} $-$ 2,78795 $+$ 0,24070 $+$ 0,40827 c_{03} $\boxed{-2{,}13897}$ $-$ 0,00001		
Probe:				

$$\psi . = \qquad\qquad\qquad\qquad\qquad\qquad\qquad 0{,}00076$$
$$+\ 0{,}99633 \cdot 0{,}00050983 \qquad\qquad =\quad 0{,}00051$$
$$0{,}03185$$
$$\overline{+\ 0{,}03312}$$

$$-\ 0{,}040475 \cdot 0{,}16220\ \ =\ 0{,}00657$$
$$-\ 0{,}044143 \cdot 0{,}277768 = 0{,}01226$$
$$-\ 0{,}040475 \cdot 0{,}34198\ \ =\ 0{,}01384$$
$$-\ 0{,}036807 \cdot 0{,}063934 = \underline{0{,}00235}$$
$$-\ 0{,}03502 \qquad\qquad -\ 0{,}03502$$
$$\psi\ = \overline{-\ 0{,}00190}$$

$$\chi\ =\qquad 0{,}53242 \cdot 0{,}34198 \qquad\qquad =\quad 0{,}18208$$
$$1{,}99872 \cdot 0{,}063934 \qquad\qquad =\quad 0{,}12779$$
$$0{,}03185$$
$$0{,}00434$$
$$\overline{+\ 0{,}34606}$$

$$-\ 0{,}46758 \cdot 0{,}16220\ \ =\ 0{,}07584$$
$$-\ 0{,}93389 \cdot 0{,}277768 = 0{,}25940$$
$$-\ 0{,}46630 \cdot 0{,}000510 = \underline{0{,}00024}$$
$$-\ 0{,}33548 \qquad\qquad -\ 0{,}33548$$
$$\chi\ = \overline{+\ 0{,}01058}$$

Wir schreiben nun die 4. Spalte der Matrix allein hin, übernehmen aber
für die Auswertung die Elemente aus den 3 ersten Spalten der vorher
benutzten Matrize. Die zweite Verbesserung der Ausgangswerte sieht
dann wie folgt aus:

$$a_{14} \quad -\ 0{,}01427$$

$$b_{14} \quad \boxed{-\ 0{,}0022988}$$
$$+\ 0{,}0026926$$
$$-\ 0{,}0004219$$
$$-\ 0{,}0000281 \quad = \varDelta x$$

$$a_{24} \quad -\ 0{,}00190$$
$$+\ 0{,}0008364$$
$$\overline{-\ 0{,}0010636 : (-\ c_{22})}$$

$$b_{24} \quad \boxed{+\ 0{,}000030387}$$
$$+\ 0{,}000048626$$
$$\overline{+\ 0{,}000079013 = \varDelta y}$$

$$a_{34} \quad + 0,01058$$
$$+ 0,01118$$
$$+ 0,00173$$
$$\overline{+ 0,02349 : (- c_{33})}$$

$$b_{34} \quad \boxed{- 0,01096} = \Delta x \,.$$

Diese Verbesserung liefert die neuen Werte $x = 0,16217$; $y = 0,00084$ und $z = 0,33102$. Dieser Rechnungsgang wird nun so lange wiederholt, bis die gewünschte Genauigkeit erreicht ist. Im vorliegenden Beispiel konvergiert die Lösung außerordentlich langsam, und zwar ergeben sich in den folgenden (nicht mehr in Einzelheiten gezeigten) Schritten die nachstehend zusammengestellten x, y, z-Werte bzw. Δx, Δy, Δz.

	x	y	z
1. Annahme	0,169	0,001	0,270
1. Berichtigung	0,16220	0,00076	0,34198
2. Berichtigung	0,16217	0,00084	0,33102
3. Berichtigung	0,16184	0,00081	0,33442
4. Berichtigung	0,16185	0,00082	0,33379
5. Berichtigung	0,16184	0,00082	0,33384
6. Berichtigung	0,16184	0,00082	0,33383

	Δx	Δy	Δz
1. Berichtigung	− 0,00680	− 0,00024	+ 0,07198
2. Berichtigung	− 0,00003	+ 0,00008	− 0,01096
3. Berichtigung	− 0,00033	− 0,00003	+ 0,00340
4. Berichtigung	+ 0,00001	+ 0,00001	− 0,00063
5. Berichtigung	− 0,00001	0,00000	+ 0,00005
6. Berichtigung	0,00000	0,00000	− 0,00001

Die gesuchte Gaszusammensetzung ergibt sich dann zu

$$16,18\% \ CO$$
$$27,66\% \ CO_2$$
$$0,08\% \ H_2$$
$$0,06\% \ H_2O$$
$$33,38\% \ COS$$
$$5,97\% \ CS_2$$
$$3,31\% \ H_2S$$
$$0,41\% \ S_2$$
$$12,95\% \ N_2$$
$$\overline{100,00\%}$$

5. DERINGER-TRAUSTEL-Verfahren mit drei primären Unbekannten.

Die Reduktion von SO_2 soll in einem Gaserzeuger unter hohem Druck unter Beimischung von Luft und Wasserdampf vorgenommen werden. Die Gaszusammensetzung bei 20 Atm. und 700° C soll berechnet werden. Als Brennstoff ist Schwelkoks vorgesehen.

Brennstoffanalyse (asche- und wasserfrei)	Zusammensetzung des Vergasungsmittels
96,96 % C	40 % SO_2
0,57 % H_2	40 % H_2O
0,48 % O_2	4,2 % O_2
1,10 % N_2	15,8 % N_2
0,89 % S	—
100,00 %	100,0 %

$$C_B = 1,80966 \qquad C_M = 0$$
$$H_B = 0,06339 \qquad H_M = 0,40$$
$$O_B = 0,00336 \qquad O_M = 0,642$$
$$N_B = 0,00880 \qquad N_M = 0,158$$
$$S_B = 0,00622 \qquad S_M = 0,40$$

Für einen so ungewöhnlichen Betriebszustand ist eine einigermaßen gutliegende Schätzung sehr schwierig, da man kaum einen Anhalt hat. In solchen Fällen ist es zweckmäßig, eine Rechnung mit vereinfachten Annahmen durchzuführen, z. B. mit der Annahme daß aller Schwefel an H_2S (oder an H_2S und COS) gebunden werde. Bei unvermeidlich stark abwegigen Anfangsschätzungen kann das DERINGER-Verfahren versagen, während das NEWTON-Verfahren sehr schnell in die Nähe der richtigen Lösung führt, doch sind unter Umständen sehr viele Schritte notwendig, um die Endlösung von der gewünschten Genauigkeit zu erhalten. Im vorliegenden Falle wurde mit Hilfe des NEWTON-Verfahrens eine ziemlich willkürliche Schätzung auf folgende Ausgangsschätzung für das DERINGER-TRAUSTEL-Verfahren gebracht, mit der die Lösung zu Ende geführt werden soll:

$$a = 0,225 \qquad\qquad n = 0,03337$$

Die Konstanten k_1 bis k_6 sind

$$k_1 = 0,00441 \qquad K_b = x_M K_{p_M} K_{p_B} = 0,039899$$
$$k_2 = -0,24611$$
$$k_3 = 0,03387 \qquad K_W = 0,64548$$
$$k_4 = -0,62305$$
$$k_5 = 0,00228 \qquad K^*_{COS} = 0,047515$$
$$k_6 = -0,62305$$
$$K_{CS_2} = 12,16 \,.$$

(Sämtliche K-Werte sind druckunabhängig.)

Die Rechnung wird für drei a-Werte durchgeführt, n wird konstant gelassen:

a	0,200	0,225	0,250
$b = a^2\,K_b$	0,00160	0,00202	0,00249
$c = a\,K_W$	0,12910	0,14523	0,16137
$d = a/K^{*}_{\mathrm{COS}}$	4,20920	4,73535	5,26150
n		0,03337	
$l = n/K_{\mathrm{CS_2}}$		0,00274	

Nach Gl. (237) bis (245)

$A_1 =$	1,32746	1,35246	1,37746
$B_1 =$	1,39712	1,41565	1,43425
$C_1 =$	5,33666	5,86281	6,38896
$A_2 = -$	0,14540	$-$ 0,12040	$-$ 0,09540
$B_2 = -$	0,56602	$-$ 0,55410	$-$ 0,54205
$C_2 =$	3,86380	4,38995	4,91610
$A_3 = -$	0,31381	$-$ 0,31381	$-$ 0,31381
$B_3 = -$	0,59341	$-$ 0,59844	$-$ 0,60346
$C_3 =$	4,89539	5,42154	5,94769

Nenner der Gl. (234) bis (236)

$a =$	0,200	0,225	0,250
Nenner	$-$ 1,82162	$-$ 2,13296	$-$ 2,47219
Gl. (234) $v_{\mathrm{CO}} =$	0,26244	0,17673	0,10407
Gl. (235) $v_{\mathrm{CO_2}} =$	0,27487	0,33984	0,39451
Gl. (236) $v_{\mathrm{COS}} =$	0,05014	0,04774	0,04552

Man erkennt, daß innerhalb des hier gewählten Bereiches von a der CO-Gehalt außerordentlich weit schwankt, und es ist leicht einzusehen, daß die Methode versagen würde, wenn man mit der Schätzung von a noch weitere Grenzen gezogen hätte.

Die Gleichgewichtskonstante der BOUDOUARDschen Reaktion ist bei 20 Atm. Druck und 700° C:

$$P\,K'_{p_B} = 20 \cdot 0,93226 = 18,645\,,$$

also stark druckabhängig. Nach Kontrollgleichung (204a) erhalten wir:

$a =$	0,200	0,225	0,250
$\Pi_B - P\,K'_{p_B} =$	$-$ 14,654	$-$ 7,664	$+$ 17,780

Daraus erhält man (durch graphische Aufzeichnung) einen verbesserten a-Wert zwischen 0,236 und 0,238. Um die Annahme von n zu prüfen, wird die Rechnung zunächst mit $a = 0,237$ und dem gleichen n-Wert wie vorher durchgeführt und C_G und O_G nach Gl. (252) und (253) ermittelt. Dann kann B und M nach Gl. (74) und (75) und damit auch S_G

nach Gl. (254) errechnet werden. In diesem Fall ergibt die Rechnung
(Einzelheiten seien nun ausgelassen):

$$v_{CO} = 0{,}13869 \qquad v_{CO_2} = 0{,}36276 \qquad v_{COS} = 0{,}04608$$

$$C_G = 0{,}56045 \quad O_G = 0{,}48290 \quad B = 0{,}30970 \quad M = 0{,}75056 \quad S_G = 0{,}30215 \, .$$

Nach Gl. (255) ist dann $n = 0{,}03341$. Die vorherige Schätzung lag also
schon sehr gut und bedarf nur einer geringen Korrektur. Mit diesem
berichtigten n und l wird nun die Rechnung wiederholt für

$a =$	0,236	0,237	0,238
$b =$	0,00222	0,00224	0,00226
$c =$	0,15233	0,15298	0,15362
$d =$	4,96686	4,98790	5,00895
$n =$		0,03341	
$l =$		0,00275	

mit dem Ergebnis

$$v_{CO} = \frac{-0{,}31752}{-2{,}33517} = 0{,}13597$$

$$v_{CO_2} = \frac{-0{,}85181}{-2{,}33517} = 0{,}36477$$

$$v_{COS} = \frac{-0{,}10738}{-2{,}33517} = 0{,}04598 \, .$$

Die Kontrolle nach Gl. (204a) ergibt

$$a = \qquad 0{,}236 \qquad\qquad 0{,}237 \qquad\qquad 0{,}238$$

$$\Pi_B - P\,K'_{p_B} = -0{,}704 \qquad +0{,}165 \qquad +1{,}085 \, .$$

Daraus die Lösung (graphisch)

$$a = 0{,}236815 \, .$$

Mit diesem a-Wert wird nun die Schlußrechnung in gleicher Weise
durchgeführt. Die gesuchte Gaszusammensetzung bei $P = 20$ Atm. und
$t = 700°$ C ergibt sich damit wie folgt:

13,94 %	CO	
36,22 %	CO_2	
3,30 %	H_2	Kontrolle:
5,54 %	H_2O	$\Pi_B - P\,K'_{p_B} = 18{,}634 - 18{,}645 = -0{,}011$
0,81 %	CH_4	
22,97 %	H_2S	
4,67 %	COS	Abweichung $+0{,}06$ %
1,21 %	CS_2	(vernachlässigbar)
0,10 %	S_2	
11,30 %	N_2	
100,06 %		

6. Newton -Methode. Sonderfall ($H_2 = O$).

Ein gedachter Brennstoff mit 97 % C und 3 % S werde mit trockener Luft vergast. Die Gaszusammensetzung bei $P = 1$ Atm., $t_R = 1200°$ C ist gesucht. Die Verteilung der Schwefelverbindungen soll angegeben werden. Wir verwenden zur Lösung die Newton-Traustel-Methode, wie auf S. 57 ff. angegeben.

Die vorbereitende Rechnung vereinfacht sich sehr, da

$$H_B = O_B = N_B = 0 \quad \text{und} \quad C_M = S_M = 0$$

wird.

$$C_B = 1,8664 \cdot 0,97 = 1,810408$$
$$S_B = 0,69919 \cdot 0,03 = 0,0209757$$
$$O_M = 0,21; \quad N_M = 0,79; \quad 1/C_B O_M = 2,63029$$

$$A = E = 2,88095 \qquad A^* = B^* = 0,011586$$
$$B = \quad 4,76190 \qquad E^* = \quad 0,988414$$
$$F = \quad 1 \qquad F^* = \quad 1,988414$$

$$K'_{pB} = 0,00078573; \qquad K_{pCS_2} = 209,0; \qquad K_{pS_2} = 30,23 .$$

Wir schätzen

$$x = v_{CO} = 0,346 \qquad\qquad y = v_{COS} = 0,001$$

$$\varphi = \quad 2,88095 \cdot 0,346 \qquad\qquad = \quad 0,9968087$$

$$4,76190 \cdot \underbrace{0,00078573 \cdot 0,119716}_{0,000094064} \qquad = \quad 0,00004479$$

$$2,88095 \cdot 0,001 \qquad\qquad = \quad 0,0028810$$

$$209,0 \cdot \underbrace{\dfrac{0,000001}{0,119716}}_{0,0000083531} \qquad = \quad 0,0017458$$

$$30,23 \cdot 0,0000083531 \qquad\qquad = \quad 0,0002525$$

$$\overline{\qquad\qquad\qquad 1,0021359}$$
$$- 1$$
$$\overline{\varphi = + 0,0021359}$$

$$\varphi'_x = \qquad\qquad\qquad\qquad 2,88095$$

$$4,76190 \cdot \underbrace{0,00078573 \cdot 0,692}_{0,000543725} \qquad = \quad 0,00259$$

$$- 209,0 \cdot \underbrace{\dfrac{2 \cdot 0,000001}{0,041421736}}_{0,000048284} \qquad = - 0,01009$$

$$- 30,23 \cdot 0,000048284 \qquad\qquad = - 0,00146$$

$$\overline{\varphi'_x = \quad 2,87199}$$

$$\varphi'_y \qquad\qquad\qquad\qquad\qquad\qquad = \quad 2{,}88095$$

$$+\, 209{,}0 \cdot \dfrac{0{,}002}{\underbrace{0{,}119716}} \qquad\qquad\qquad = \quad 3{,}49160$$

$$\qquad\qquad 0{,}0167062$$

$$+\, 30{,}23 \cdot 0{,}0167062 \qquad\qquad\qquad = \quad 0{,}50503$$

$$\varphi'_y = \quad 6{,}87758$$

$$\chi = \quad 0{,}988414 \cdot 0{,}001 \qquad\qquad = \quad 0{,}000988414$$
$$1{,}988414 \cdot 0{,}0017458 \qquad = \quad 0{,}003471373$$
$$2 \cdot 0{,}0002525 \qquad\qquad = \quad 0{,}000505000$$

$$+\, 0{,}004964787$$

$$-\, 0{,}011586 \cdot (0{,}346 + 0{,}000094064) \quad = \,-\, 0{,}004009846$$

$$\chi = \,+\, 0{,}000954941$$

$$\chi'_x = \,-\, 0{,}988414 \cdot 0{,}01009 \qquad\qquad = \,-\, 0{,}009973$$
$$-\, 2 \cdot 0{,}001459625 \qquad\qquad\qquad = \,-\, 0{,}002919$$

$$-\, 0{,}011586$$

$$-\, 0{,}011586 \cdot 0{,}0005437 \qquad\qquad = \,-\, 0{,}000006$$

$$\chi'_x = \,-\, 0{,}024484$$

$$\chi'_y = \qquad\qquad\qquad\qquad\qquad\qquad 0{,}988414$$
$$1{,}988414 \cdot 3{,}49160 \qquad\qquad\qquad 6{,}942746$$
$$2 \cdot 0{,}50503 \qquad\qquad\qquad\qquad 1{,}010060$$

$$\chi'_y = \quad 8{,}941220$$

$$x_0 - x = \frac{0{,}000954941 \cdot 6{,}87758 - 0{,}0021359 \cdot 8{,}941220}{2{,}87199 \cdot 8{,}941220 + 0{,}024484 \cdot 6{,}87758}$$

$$= 0{,}000254 - 0{,}000739 = \,-\, 0{,}000485$$

$$x = 0{,}345515 \text{ (verbesserter Schätzwert)}$$

$$y_0 - y = \,-\, 0{,}000108$$

$$y = 0{,}000892$$

Die Wiederholung führt zu folgenden Berichtigungen:

	x	y
1. Annahme	0,346	0,001
1. Berichtigung	0,345515	0,000892
2. Berichtigung	0,3455207	0,0008864
3. Berichtigung	0,3455204	0,0008859

Die Lösung des Problems ist demnach

Gaszusammensetzung	Verteilung des Gasschwefels
34,552% CO	0,00% H_2S
0,009% CO_2	36,05% COS
0,089% COS	55,87% CS_2
0,137% CS_2	8,08% S_2
0,020% S_2	0,00% SO_2
65,193% N_2	
100,000%	100,00%

Die angegebene Verteilung des Gasschwefels stellt den linken Rand in Abb. 3, S. 64 dar.

Anhang I.

1. Gleichgewichtskonstanten.

1. Boudouardsche Reaktion:

$$C + CO_2 = 2\,CO$$

$$K_{p_B} = \frac{p_{CO}^2}{p_{CO_2}} = \frac{v_{CO}^2\,P}{v_{CO_2}}\,; \qquad K'_{p_B} = \frac{p_{CO_2}}{p_{CO}^2} = \frac{v_{CO_2}}{v_{CO}^2\,P} = \frac{1}{K_{p_B}}$$

$$\log K_{p_B} = 3{,}26730 - \frac{8820{,}690}{T} - 0{,}001208714\,T$$

$$+\, 0{,}153734 \cdot 10^{-6}\,T^2 + 2{,}295483 \log T \tag{305}$$

2. Heterogene Wassergasreaktion:

$$C + H_2O = CO + H_2$$

$$K_{p_W} = \frac{p_{CO}\,p_{H_2}}{p_{H_2O}} = \frac{v_{CO}\,v_{H_2}\,P}{v_{H_2O}}\,; \qquad K'_{p_W} = \frac{p_{H_2O}}{p_{H_2}\,p_{CO}} = \frac{v_{H_2O}}{v_{H_2}\,v_{CO}\,P} = \frac{1}{K_{p_W}}$$

$$\log K_{p_W} = -\,33{,}45778 - \frac{4825{,}986}{T} - 0{,}005671122\,T$$

$$+\, 0{,}8255484 \cdot 10^{-6}\,T^2 + 14{,}515760 \log T \tag{306}$$

3. Homogene Wassergasreaktion:

$$CO_2 + H_2 = CO + H_2O$$

$$K_W = \frac{p_{CO}\,p_{H_2O}}{p_{CO_2}\,p_{H_2}} = \frac{v_{CO}\,v_{H_2O}}{v_{CO_2}\,v_{H_2}}\,; \qquad K'_W = \frac{p_{CO_2}\,p_{H_2}}{p_{CO}\,p_{H_2O}} = \frac{v_{CO_2}\,v_{H_2}}{v_{CO}\,v_{H_2O}} = \frac{1}{K_W}$$

$$\log K_W = 36{,}72508 - \frac{3994{,}704}{T} + 0{,}004462408\,T$$

$$-\, 0{,}671814 \cdot 10^{-6}\,T - 12{,}220277 \log T \tag{307}$$

4. Methanbildungsreaktion:

$$C + 2\,H_2 = CH_4$$

$$K_{p_M} = \frac{p_{CH_4}}{p_{H_2}^2} = \frac{v_{CH_4}}{v_{H_2}^2\,P}$$

$$\log K_{p_M} = -\,13{,}06361 + \frac{4662{,}80}{T} - 2{,}09594 \cdot 10^{-3}\,T$$

$$+\, 0{,}38620 \cdot 10^{-6}\,T^2 + 3{,}034338 \log T \tag{308}$$

Vollkommenheitsbeiwert $x_M = 0{,}281$ (vgl. S. 22).

5. Schwefelwasserstoffbildungsreaktion:

$$\frac{1}{2}\,S_2 + H_2 = H_2S \tag{309}$$

$$K_{p_{H_2S}} = \frac{p_{H_2S}}{p_{S_2}^{1/2}\,p_{H_2}} = \frac{v_{H_2S}}{v_{S_2}^{1/2}\,v_{H_2}}\,P^{1/2} \tag{310}$$

$$\log K_{p_{H_2S}} = \frac{4198,6}{T} - 0,36081 \cdot 10^{-3}\,T + 0,08091 \cdot 10^{-6}\,T^2$$
$$- 0,47330\,\log T - 0,36081 \tag{311}$$

6. Kohlenoxysulfidbildungsreaktion:

$$\frac{1}{2}\,S_2 + CO = COS \tag{312}$$

$$K_{p_{COS}} = \frac{p_{COS}}{p_{S_2}^{1/2}\,p_{CO}} = \frac{v_{COS}}{v_{S_2}^{1/2}\,v_{CO}}\,P^{1/2} \tag{313}$$

$$\log K_{p_{COS}} = \frac{4823,78}{T} - 4,01505 \tag{314}$$

7. Schwefelkohlenstoffbildungsreaktion:

$$S_2 + C = CS_2 \tag{315}$$

$$K_{CS_2} = \frac{p_{CS_2}}{p_{S_2}} = \frac{v_{CS_2}}{v_{S_2}} \tag{316}$$

$$\log K_{CS_2} = \frac{703,75}{T} + 0,36180 \tag{317}$$

8. FERGUSONsche Reaktion:

$$2\,CO + SO_2 = 2\,CO_2 + \frac{1}{2}\,S_2 \tag{318}$$

$$K_{Ferg.} = \frac{p_{CO_2}^2\,p_{S_2}^{1/2}}{p_{CO}^2\,p_{SO_2}} = \frac{v_{CO_2}^2\,v_{S_2}^{1/2}\,P^{-1/2}}{v_{CO}^2\,v_{SO_2}} \tag{319}$$

9. Kombinationen der Reaktionen (5) bis (8):

$$K_{COS}^* = \frac{K_{COS}}{K_{H_2S}} = \frac{p_{COS}\,p_{H_2}}{p_{CO}\,p_{H_2S}} = \frac{v_{COS}\,v_{H_2}}{v_{CO}\,v_{H_2S}} \tag{320}$$

$$K_{H_2S}^* = \frac{K_{H_2S}}{K_{COS}} = \frac{p_{CO}\,p_{H_2S}}{p_{COS}\,p_{H_2}} = \frac{v_{CO}\,v_{H_2S}}{v_{COS}\,v_{H_2}} \tag{321}$$

$$K_{p_{S_2}}^* = \frac{1}{(K_{p_{H_2S}})^2} = \frac{p_{S_2}\,p_{H_2}^2}{p_{H_2S}^2} = \frac{v_{S_2}\,v_{H_2}^2\,P}{v_{H_2S}^2} \tag{322}$$

$$P^{-1}\,K_{p_{S_2}}^* = \frac{v_{S_2}\,v_{H_2}^2}{v_{H_2S}^2} \tag{322a}$$

$$K_{p_{S_2}}^{**} = \frac{1}{(K_{p_{COS}})^2} = \frac{p_{S_2}\,p_{CO}^2}{p_{COS}^2} = \frac{v_{S_2}\,v_{CO}^2\,P}{v_{COS}^2} \tag{323}$$

$$P^{-1} K^{**}_{p\,\mathrm{S}_2} = \frac{v_{\mathrm{S}_2}\, v^2_{\mathrm{CO}}}{v^2_{\mathrm{COS}}} \tag{323a}$$

$$K^{*}_{p\,\mathrm{CS}_2} = K^{*}_{p\,\mathrm{S}_2}\, K_{\mathrm{CS}_2} = \frac{p_{\mathrm{CS}_2}\, p^2_{\mathrm{H}_2}}{p^2_{\mathrm{H}_2\mathrm{S}}} = \frac{v_{\mathrm{CS}_2}\, v^2_{\mathrm{H}_2}}{v^2_{\mathrm{H}_2\mathrm{S}}} \tag{324}$$

$$P^{-1} K^{*}_{p\,\mathrm{CS}_2} = \frac{v_{\mathrm{CS}_2}\, v^2_{\mathrm{H}_2}}{v^2_{\mathrm{H}_2\mathrm{S}}} \tag{324a}$$

$$K^{**}_{p\,\mathrm{CS}_2} = \frac{K_{\mathrm{CS}_2}}{(K_{\mathrm{COS}})^2} = \frac{p_{\mathrm{CS}_2}\, p^2_{\mathrm{CO}}}{p^2_{\mathrm{COS}}} = \frac{v_{\mathrm{CS}_2}\, v^2_{\mathrm{CO}}\, P}{v^2_{\mathrm{COS}}} \tag{325}$$

$$P^{-1} K^{**}_{p\,\mathrm{CS}_2} = \frac{v_{\mathrm{CS}_2}\, v^2_{\mathrm{CO}}}{v^2_{\mathrm{COS}}} \tag{325a}$$

$$K^{*}_{p\,\mathrm{SO}_2} = \frac{1}{\left(K_{\mathrm{Ferg.}}\, K_{p\,\mathrm{HS}_2}\, K^2_{p\,B}\right)} = \frac{p_{\mathrm{SO}_2}\, p_{\mathrm{H}_2}}{p_{\mathrm{H}_2\mathrm{S}}\, p^2_{\mathrm{CO}}} = \frac{v_{\mathrm{SO}_2}\, v_{\mathrm{H}_2}}{v_{\mathrm{H}_2\mathrm{S}}\, v^2_{\mathrm{CO}}\, P} \tag{326}$$

$$P\, K^{*}_{p\,\mathrm{SO}_2} = \frac{v_{\mathrm{SO}_2}\, v_{\mathrm{H}_2}}{v_{\mathrm{H}_2\mathrm{S}}\, v^2_{\mathrm{CO}}} \tag{326a}$$

$$K^{**}_{p\,\mathrm{SO}_2} = \frac{1}{K_{\mathrm{Ferg.}}}\, \frac{1}{K_{\mathrm{COS}}}\, \frac{1}{(K_{p\,B})^2} = \frac{p_{\mathrm{SO}_2}}{p_{\mathrm{CO}}\, p_{\mathrm{COS}}} = \frac{v_{\mathrm{SO}_2}}{v_{\mathrm{CO}}\, v_{\mathrm{COS}}\, P} \tag{327}$$

$$P\, K^{**}_{p\,\mathrm{SO}_2} = \frac{v_{\mathrm{SO}_2}}{v_{\mathrm{CO}}\, v_{\mathrm{COS}}} \tag{327a}$$

10. Ammoniakbildung:

$$\frac{1}{2}\,\mathrm{N}_2 + \frac{3}{2}\,\mathrm{H}_2 = \mathrm{NH}_3 \tag{328}$$

$$K_{p\,\mathrm{NH}_3} = \frac{p_{\mathrm{NH}_3}}{p^{1/2}_{\mathrm{N}_2}\, p^{3/2}_{\mathrm{H}_2}} \tag{329}$$

$$P\, K_{p\,\mathrm{NH}_3} = \frac{v_{\mathrm{NH}_3}}{v^{1/2}_{\mathrm{N}_2}\, v^{3/2}_{\mathrm{H}_2}} \tag{329a}$$

Bei Atmosphärendruck:

$$\log K_{p\,\mathrm{NH}_3} = \frac{2074{,}8}{T} - 2{,}4943 \log T + 1{,}8564 \cdot 10^{-7}\, T^2 + 1{,}99 \tag{330}$$

bei beliebigen Drücken $(P > 1)$

$$\log K_{p\,\mathrm{NH}_3} = \frac{\alpha}{T} + \beta \log T + \gamma\, T + \delta\, T^2 + c \tag{331}$$

$$\alpha = 2074{,}8 \tag{332}$$

$$\beta = -\,2{,}4943 \tag{333}$$

$$\gamma = 1{,}22637 \cdot 10^{-5}\, P^{1,78} \tag{334}$$

$$\delta = 1{,}8564 \cdot 10^{-7}$$

$$c = 1{,}99 + 2{,}6105 \cdot 10^{-5}\, P^{1,66} \tag{335}$$

11. Cyanwasserstoffbildung

$$C + \frac{1}{2}\,H_2 + \frac{1}{2}\,N_2 = HCN \tag{336}$$

$$K_{HCN} = \frac{p_{HCN}}{p_{H_2}^{1/2}\,p_{N_2}^{1/2}} = \frac{v_{HCN}}{v_{H_2}^{1/2}\,v_{N_2}^{1/2}} \tag{337}$$

$$\log K_{HCN} = \frac{6733}{T} - 1{,}74218 \tag{338}$$

2. Newton-Verfahren mit drei primären Unbekannten.
v_{CO}, v_{H_2}, v_{COS} als primäre Unbekannte.

$$\varphi = A\,v_{CO} + B P K'_{pB}\,(v_{CO})^2 + v_{H_2} + C P K'_{pW}\,v_{CO}\,v_{H_2} + D P K_{pM}\,(v_{H_2})^2$$

$$+ E\,v_{COS} + F\,P^{-1}\,K^{**}_{pCS_2}\,\frac{(v_{COS})^2}{(v_{CO})^2} + K^{*}_{H_2S}\,\frac{v_{H_2}\,v_{COS}}{v_{CO}}$$

$$+ P^{-1}\,K^{**}_{pS_2}\,\frac{(v_{COS})^2}{(v_{CO})^2} + G\,P\,K^{**}_{pSO_2}\,v_{CO}\,v_{COS} \tag{339}$$

$$\varphi'_x = A + B P K'_{pB}\,2 v_{CO} + C P K'_{pW}\,v_{H_2} - F P^{-1}\,K^{**}_{pCS_2}\,\frac{2\,(v_{COS})^2}{(v_{CO})^3}$$

$$- K^{**}_{H_2S}\,\frac{v_{H_2}\,v_{COS}}{(v_{CO})^2} - P^{-1}\,K^{**}_{pS_2}\,\frac{2\,(v_{COS})^2}{(v_{CO})^3} + G P K^{**}_{pSO_2}\,v_{COS} \tag{340}$$

$$\varphi'_y = 1 + C P K'_{pW}\,v_{CO} + D P K_{pM}\,2 v_{H_2} + K^{**}_{H_2S}\,\frac{v_{COS}}{v_{CO}} \tag{341}$$

$$\varphi'_z = E + F P^{-1}\,K^{**}_{pCS_2}\,\frac{2 v_{COS}}{(v_{CO})^2} + K^{**}_{H_2S}\,\frac{v_{H_2}}{v_{CO}}$$

$$+ P^{-1}\,K^{**}_{pS_2}\,\frac{2 v_{COS}}{(v_{CO})^2} + G P K^{**}_{pSO_2}\,v_{CO} \tag{342}$$

$$\psi = v_{H_2} + C^*\,P K'_{pW}\,v_{CO}\,v_{H_2} + D^*\,P K_{pM}\,(v_{H_2})^2 + K^{**}_{H_2S}\,\frac{v_{H_2}\,v_{COS}}{v_{CO}}$$

$$- A^*\,v_{CO} - B^*\,P K'_{pB}\,(v_{CO})^2 - E^*\,{}_{COS}$$

$$- F^*\,P^{-1}\,K^{**}_{pCS_2}\,\frac{(v_{COS})^2}{(v_{CO})^2} - G^*\,P K^{**}_{pSO_2}\,v_{CO}\,v_{COS} \tag{343}$$

$$\psi'_x = C^*\,P K'_{pW}\,v_{H_2} - K^{**}_{H_2S}\,\frac{v_{H_2}\,v_{COS}}{(v_{CO})^2} - A^* - B^*\,P K'_{pB}\,2 v_{CO}$$

$$+ F^*\,P^{-1}\,K^{**}_{pCS_2}\,\frac{2\,(v_{COS})^2}{(v_{CO})^3} - G^*\,P K^{**}_{pSO_2}\,v_{COS} \tag{344}$$

$$\psi'_y = 1 + C^*\,P K'_{pW}\,v_{CO} + D^*\,P K_{pM}\,2 v_{H_2} + K^{**}_{H_2S}\,\frac{v_{COS}}{v_{CO}} \tag{345}$$

$$\psi_z' = K^{**}_{\mathrm{H_2}}\mathrm{s}\,\frac{v_{\mathrm{H_2}}}{v_{\mathrm{CO}}} - E^* - F^*\,P^{-1}\,K^{**}_{p\mathrm{CS_2}}\,\frac{2\,v_{\mathrm{COS}}}{(v_{\mathrm{CO}})^2} - G^*\,P\,K^{**}_{p\mathrm{SO_2}}\,v_{\mathrm{CO}} \tag{346}$$

$$\chi = E^{**}\,v_{\mathrm{COS}} + F^{**}\,P^{-1}\,K^{**}_{p\mathrm{CS_2}}\,\frac{(v_{\mathrm{COS}})^2}{(v_{\mathrm{CO}})^2} + K^{**}_{\mathrm{H_2}}\mathrm{s}\,\frac{v_{\mathrm{H_2}}\,v_{\mathrm{COS}}}{v_{\mathrm{CO}}}$$

$$+\,2\,P^{-1}\,K^{**}_{p\mathrm{S_2}}\,\frac{(v_{\mathrm{COS}})^2}{(v_{\mathrm{CO}})^2} + G^{**}\,P\,K^{**}_{p\mathrm{SO_2}}\,v_{\mathrm{CO}}\,v_{\mathrm{COS}} - A^{**}\,v_{\mathrm{CO}}$$

$$-\,B^{**}\,P\,K'_{p_B}\,(v_{\mathrm{CO}})^2 - C^{**}\,P\,K'_{p_W}\,v_{\mathrm{CO}}\,v_{\mathrm{H_2}}$$

$$-\,D^{**}\,P\,K_{p_M}\,(v_{\mathrm{H_2}})^2 \tag{347}$$

$$\chi_x' = -\,F^{**}\,P^{-1}\,K^{**}_{p\mathrm{CS_2}}\,\frac{2\,(v_{\mathrm{COS}})^2}{(v_{\mathrm{CO}})^3} - K^{**}_{\mathrm{H_2}}\mathrm{s}\,\frac{v_{\mathrm{H_2}}\,v_{\mathrm{COS}}}{(v_{\mathrm{CO}})^2} - P^{-1}\,K^{**}_{p\mathrm{S_2}}\,\frac{2\,(v_{\mathrm{COS}})^2}{(v_{\mathrm{CO}})^3}$$

$$+\,G^{**}\,P\,K^{**}_{p\mathrm{SO_2}}\,v_{\mathrm{COS}} - A^{**} - B^{**}\,P\,K'_{p_B}\,2\,v_{\mathrm{CO}} - C^{**}\,P\,K'_{p_W}\,v_{\mathrm{H_2}} \tag{348}$$

$$\chi_y' = K^{**}_{\mathrm{H_2}}\mathrm{s}\,\frac{v_{\mathrm{COS}}}{v_{\mathrm{CO}}} - C^{**}\,P\,K'_{p_W}\,v_{\mathrm{CO}} - D^{**}\,P\,K_{p_M}\,2\,v_{\mathrm{H_2}} \tag{349}$$

$$\chi_z' = E^{**} + F^{**}\,P^{-1}\,K^{**}_{p\mathrm{CS_2}}\,\frac{2\,v_{\mathrm{COS}}}{(v_{\mathrm{CO}})^2} + K^{**}_{\mathrm{H_2}}\mathrm{s}\,\frac{v_{\mathrm{H_2}}}{v_{\mathrm{CO}}}$$

$$+\,P^{-1}\,K^{**}_{p\mathrm{S_2}}\,\frac{2\,v_{\mathrm{COS}}}{(v_{\mathrm{CO}})^2} + G^{**}\,P\,K^{**}_{p\mathrm{SO_2}}\,v_{\mathrm{CO}} \tag{350}$$

Anhang II.

Zahlentafel 9. *Gleichgewichtskonstanten.*

Bezeichnung Definition Gleich. Nr. Temp. °C	K_{p_B} (32)	K'_{p_B} (33)	K_{p_W} (34)	K'_{p_W} (35)
350	$6{,}7644 \times 10^{-6}$	$1{,}47833 \times 10^5$	$1{,}4038 \times 10^{-4}$	$7{,}1235 \times 10^3$
400	$8{,}1025 \times 10^{-5}$	$1{,}2342 \times 10^4$	$9{,}5380 \times 10^{-4}$	$1{,}0484 \times 10^3$
450	$6{,}8667 \times 10^{-4}$	$1{,}4563 \times 10^3$	$5{,}0255 \times 10^{-3}$	$1{,}9899 \times 10^2$
500	$4{,}4016 \times 10^{-3}$	$2{,}2719 \times 10^2$	$2{,}1512 \times 10^{-2}$	$4{,}6487 \times 10$
550	$2{,}2448 \times 10^{-2}$	$4{,}4547 \times 10^1$	$7{,}7520 \times 10^{-2}$	12,900
600	0,094715	10,558	0,24179	4,1358
650	0,340925	2,9332	0,66776	1,4976
700	1,07266	0,93226	1,6618	0,60176
750	3,00907	0,33233	3,7830	0,26434
800	7,64633	0,13078	7,9688	0,12549
850	17,8366	0,056064	15,698	0,063702
900	38,6164	0,025896	29,166	0,034286
950	78,3033	0,012771	51,477	0,019426
1000	$1{,}49886 \times 10^2$	$6{,}6717 \times 10^{-3}$	86,826	0,011517
1050	$2{,}7262 \times 10^2$	$3{,}6681 \times 10^{-3}$	$1{,}4073 \times 10^2$	$7{,}1060 \times 10^{-3}$
1100	$4{,}7383 \times 10^2$	$2{,}1105 \times 10^{-3}$	$2{,}2018 \times 10^2$	$4{,}5412 \times 10^{-3}$
1150	$7{,}9078 \times 10^2$	$1{,}2646 \times 10^{-3}$	$3{,}3386 \times 10^2$	$2{,}9953 \times 10^{-3}$
1200	$1{,}2727 \times 10^3$	$7{,}8573 \times 10^{-4}$	$4{,}9250 \times 10^2$	$2{,}0305 \times 10^{-3}$
1250	$1{,}9824 \times 10^3$	$5{,}0444 \times 10^{-4}$	$7{,}0885 \times 10^2$	$1{,}4107 \times 10^{-3}$
1300	$2{,}9987 \times 10^3$	$3{,}3348 \times 10^{-4}$	$9{,}9814 \times 10^2$	$1{,}0019 \times 10^{-3}$

Zahlentafel 9.   (Fortsetzung.)

Bezeichnung Definition Gleich. Nr. Temp. °C	K_{p_M} (37)	$K_{p_{H_2S}}$ (43) (310)	$K^*_{H_2S}$ (321)	$K_{p_{COS}}$ (44) (313)	K^*_{COS} (45) (320)
350	55,511	$6{,}9680 \times 10^4$	13,05	$5{,}3408 \times 10^3$	0,07665
400	16,393	$2{,}1540 \times 10^4$	15,16	$1{,}4210 \times 10^3$	0,06597
450	5,5944	$7{,}490 \times 10^3$	16,51	$4{,}5365 \times 10^2$	0,06057
500	2,2019	$2{,}974 \times 10^3$	17,70	$1{,}6806 \times 10^2$	0,05651
550	0,96592	$1{,}315 \times 10^3$	18,73	70,198	0,05338
600	0,46357	$6{,}359 \times 10^2$	19,63	32,394	0,05094
650	0,23992	$3{,}338 \times 10^2$	20,53	16,261	0,04871
700	0,13237	$1{,}844 \times 10^2$	21,05	8,7618	0,047515
750	0,077154	$1{,}082 \times 10^2$	21,57	5,0152	0,04635
800	0,047156	66,65	22,04	3,0238	0,04537
850	0,030336	42,76	22,42	1,9072	0,04460
900	0,019845	28,44	22,73	1,2511	0,04399
950	0,013540	19,53	22,99	0,8495	0,04350
1000	0,0095072	13,79	23,19	0,59464	0,04312
1050	0,0068505	9,990	23,36	0,42760	0,04280
1100	0,0050527	7,400	23,50	0,31496	0,04256
1150	0,0038065	5,594	23,60	0,23704	0,04237
1200	0,0029237	4,307	23,68	0,18187	0,04223
1250	0,0022859	3,371	23,74	0,14198	0,04212
1300	0,0018168	2,679	23,79	0,11260	0,04203

Zahlentafel 9. (2. Fortsetzung.)

Bezeichnung Definition Gleich. Nr. Temp. ° C	K_{CS_2} (46) (316)	$K_{CS_2}^{*}$ (324)	$K_{pCS_2}^{**}$ (325)	$K_{S_2}^{*}$ (47) (322)	$K_{pS_2}^{**}$ (323)
350	31,00	$6,386 \times 10^{-9}$	$1,087 \times 10^{-6}$	$2,060 \times 10^{-10}$	$3,506 \times 10^{-8}$
400	25,56	$5,495 \times 10^{-8}$	$1,266 \times 10^{-5}$	$2,150 \times 10^{-9}$	$4,952 \times 10^{-7}$
450	21,66	$3,862 \times 10^{-7}$	$1,052 \times 10^{-4}$	$1,783 \times 10^{-8}$	$4,859 \times 10^{-6}$
500	18,72	$2,117 \times 10^{-6}$	$6,628 \times 10^{-4}$	$1,131 \times 10^{-7}$	$3,541 \times 10^{-5}$
550	16,48	$9,530 \times 10^{-6}$	$3,344 \times 10^{-3}$	$5,783 \times 10^{-7}$	$2,029 \times 10^{-4}$
600	14,72	$3,640 \times 10^{-5}$	$1,403 \times 10^{-2}$	$2,473 \times 10^{-6}$	$9,530 \times 10^{-4}$
650	13,31	$1,195 \times 10^{-4}$	$5,034 \times 10^{-2}$	$8,975 \times 10^{-6}$	$3,782 \times 10^{-3}$
700	12,16	$3,576 \times 10^{-4}$	0,1584	$2,941 \times 10^{-5}$	$1,303 \times 10^{-2}$
750	11,21	$9,576 \times 10^{-4}$	0,4457	$8,542 \times 10^{-5}$	$3,976 \times 10^{-2}$
800	10,41	$2,343 \times 10^{-3}$	1,139	$2,251 \times 10^{-4}$	0,1094
850	9,738	$5,326 \times 10^{-3}$	2,680	$5,469 \times 10^{-4}$	0,2752
900	9,157	$1,140 \times 10^{-2}$	5,850	$1,245 \times 10^{-3}$	0,6389
950	8,654	$2,269 \times 10^{-2}$	11,99	$2,622 \times 10^{-3}$	1,386
1000	8,215	$4,320 \times 10^{-2}$	23,23	$5,259 \times 10^{-3}$	2,828
1050	7,830	$7,846 \times 10^{-2}$	42,82	$1,002 \times 10^{-2}$	5,469
1100	7,488	0,1367	75,48	$1,826 \times 10^{-2}$	10,08
1150	7,184	0,2296	$1,272 \times 10^{2}$	$3,196 \times 10^{-2}$	17,80
1200	6,912	0,3726	$2,090 \times 10^{2}$	$5,391 \times 10^{-2}$	30,23
1250	6,666	0,5866	$3,307 \times 10^{2}$	$8,800 \times 10^{-2}$	49,61
1300	6,445	0,8978	$5,083 \times 10^{2}$	0,1393	78,87

Zahlentafel 9. (3. Fortsetzung.)

Bezeichnung Definition Gleich. Nr. Temp. ° C	$K_{pSO_2}^{*}$ (326)	$K_{pSO_2}^{**}$ (327)	K_{pNH_3} (329)	K_{pHCN} (337)
350	$2,910 \times 10^{-13}$	$5,614 \times 10^{-7}$	$2,5852 \times 10^{-2}$	$8,611 \times 10^{-10}$
400	$1,632 \times 10^{-12}$	$3,054 \times 10^{-7}$	$1,2679 \times 10^{-2}$	$5,465 \times 10^{-9}$
450	$8,398 \times 10^{-11}$	$2,019 \times 10^{-7}$	$6,6857 \times 10^{-3}$	$2,690 \times 10^{-8}$
500	$3,507 \times 10^{-11}$	$1,898 \times 10^{-7}$	$3,8116 \times 10^{-3}$	$1,076 \times 10^{-7}$
550	$1,242 \times 10^{-10}$	$1,036 \times 10^{-7}$	$2,3171 \times 10^{-3}$	$3,638 \times 10^{-7}$
600	$3,826 \times 10^{-10}$	$7,930 \times 10^{-8}$	$1,4873 \times 10^{-3}$	$1,070 \times 10^{-6}$
650	$1,043 \times 10^{-9}$	$6,281 \times 10^{-8}$	$9,9975 \times 10^{-4}$	$2,803 \times 10^{-6}$
700	$2,600 \times 10^{-9}$	$5,101 \times 10^{-8}$	$6,9983 \times 10^{-4}$	$6,643 \times 10^{-6}$
750	$5,940 \times 10^{-9}$	$4,259 \times 10^{-8}$	$5,0688 \times 10^{-4}$	$1,447 \times 10^{-5}$
800	$1,259 \times 10^{-8}$	$3,630 \times 10^{-8}$	$3,7857 \times 10^{-4}$	$2,932 \times 10^{-5}$
850	$2,505 \times 10^{-8}$	$3,148 \times 10^{-8}$	$2,9047 \times 10^{-4}$	$5,580 \times 10^{-5}$
900	$4,715 \times 10^{-8}$	$2,776 \times 10^{-8}$	$2,2829 \times 10^{-4}$	$1,005 \times 10^{-4}$
950	$8,449 \times 10^{-8}$	$2,481 \times 10^{-8}$	$1,8330 \times 10^{-4}$	$1,725 \times 10^{-4}$
1000	$1,450 \times 10^{-7}$	$2,244 \times 10^{-8}$	$1,5008 \times 10^{-4}$	$2,839 \times 10^{-4}$
1050	$2,393 \times 10^{-7}$	$2,051 \times 10^{-8}$	$1,2505 \times 10^{-4}$	$4,498 \times 10^{-4}$
1100	$3,958 \times 10^{-7}$	$1,963 \times 10^{-8}$	$1,0594 \times 10^{-4}$	$6,892 \times 10^{-4}$
1150	$5,897 \times 10^{-7}$	$1,760 \times 10^{-8}$	$9,0974 \times 10^{-5}$	$1,025 \times 10^{-3}$
1200	$8,862 \times 10^{-7}$	$1,649 \times 10^{-8}$	$7,9234 \times 10^{-5}$	$1,483 \times 10^{-3}$
1250	$1,298 \times 10^{-6}$	$1,555 \times 10^{-8}$	$6,9871 \times 10^{-5}$	$2,096 \times 10^{-3}$
1300	$1,857 \times 10^{-6}$	$1,474 \times 10^{-8}$	$6,2336 \times 10^{-5}$	$2,896 \times 10^{-3}$

Zahlentafel 10. *Gleichgewichtskonstanten der homogenen Wassergasreaktion.*

Temperatur °C	K_W Gl. (31)	K'_W Gl. (31)[1]	Temperatur °C	K_W Gl. (31)	K'_W Gl. (31)[1]
350	0,048186	20,753	850	1,13623	0,88010
400	0,084947	11,772	900	1,32400	0,75529
450	0,13664	7,3185	950	1,52112	0,65741
500	0,20462	4,8871			
550	0,28958	3,45381	1000	1,72624	0,57929
600	0,39172	2,55284	1050	1,93724	0,51620
650	0,51057	1,95959	1100	2,15199	0,46469
			1150	2,36862	0,42219
700	0,64548	1,54823	1200	2,58422	0,38696
750	0,79542	1,25719	1250	2,79657	0,35758
800	0,95954	1,04217	1300	3,00440	0,33285

Zahlentafel 11. *Enthalpie der Gase in kcal/Nm³ (1 Atm).*

Temp. °C	CO	CO_2	H_2	H_2O	CH_4	N_2	O_2
0	0	0	0	0	0	0	0
100	31,2	41,5	30,9	37,1	38,8	31,2	31,5
200	62,6	87,1	62,0	74,2	84,2	62,5	63,4
300	94,6	136,1	93,4	112,1	135,6	94,4	97,3
400	127,3	187,4	124,5	151,0	192,8	126,7	131,9
500	160,3	242,2	156,0	191,2	255,3	159,6	167,5
550	177,6	270,0	171,8	211,8	289,1	176,3	185,5
600	194,9	297,9	187,6	232,5	322,9	193,1	203,5
650	212,2	326,6	203,6	253,9	359,0	210,2	221,9
700	229,6	355,4	219,6	275,3	395,2	227,4	240,3
750	247,4	384,5	235,6	297,4	433,2	244,9	259,0
800	265,3	413,7	251,7	319,6	471,2	262,4	277,8
850	283,3	443,7	268,0	342,4	510,9	280,2	296,7
900	301,4	473,8	284,3	365,3	550,6	298,1	315,7
950	319,6	503,8	300,8	388,5	592,1	316,2	334,7
1000	337,8	533,9	317,3	411,8	633,7	334,4	353,8
1050	365,6	565,2	334,1	436,7	—	353,0	373,3
1100	375,4	596,5	351,0	461,6	—	371,6	392,8
1200	413,0	659,1	384,7	511,4	—	408,8	431,9
1300	450,7	721,7	418,3	561,1	—	445,9	470,9
1400	488,4	784,3	452,0	610,9	—	483,1	510,0
1500	526,0	846,9	485,7	660,7	—	520,3	549,0
2000	719,4	1168	671,7	930,4	—	712,2	752,6
2500	916,6	1494	862,6	1214	—	908,0	959,1
3000	1114	1822	1060	1505	—	1106	1172

[1] Reziproker Wert Gl. (30) von rechts nach links gelesen.

Zahlentafel 11. (Fortsetzung.)

Temp. °C	H_2S	COS	CS_2	S_2	SO_2	NH_3	HCN
0	0	0	0	0	0	0	0
100	36,8	46,2	50,4	38,7	43,5	38,4	36,2
200	75,2	98,1	106,1	77,5	90,6	80,1	78,7
300	115,2	153,0	164,3	116,5	140,8	125,1	124,7
400	157,0	209,7	224,1	155,6	193,5	172,7	173,0
500	200,8	267,6	284,9	194,8	247,8	224,3	223,2
550	223,2	296,9	315,6	214,5	275,6	251,7	248,9
600	246,1	326,5	346,5	234,2	303,7	279,1	274,9
650	269,6	356,2	377,5	254,0	332,1	308,0	301,2
700	293,6	386,2	408,7	273,7	360,7	336,8	327,8
750	318,0	416,2	439,9	293,5	389,5	367,0	354,8
800	342,7	446,5	471,3	313,3	418,5	397,2	382,0
850	367,7	476,9	502,8	333,3	447,7	428,6	409,4
900	393,0	507,5	534,4	353,2	476,9	460,1	437,1
950	418,6	538,1	566,1	372,9	506,3	497,1	465,1
1000	444,4	568,9	597,8	393,1	535,8	534,2	479,2
1050	470,5	599,8	629,7	413,1	565,4	567,8	493,3
1100	496,8	630,8	661,6	433,1	595,1	601,5	521,8
1200	550,1	693,3	725,7	473,3	654,7	667,1	608,6
1300	604,2	756,2	790,1	513,6	714,6	741,6	667,6
1400	659,0	819,6	854,8	554,1	774,8	814,4	727,4
1500	714,7	883,4	919,8	594,6	835,2	888,2	788,1
2000	1000	1209	1249	635,4	1139	1273	1104
2500	1294	1545	1584	1008	1446	1675	1441
3000	1593	1891	1924	1219	1753	2089	1798

Zahlentafel 12. *Heizwert der Gase in kcal/Nm³.*

Gasart	Symbol	Mol.-Gew.	Heizwert (kcal/Nm³) H_o	H_u
Sauerstoff	O_2	32,000	—	—
Kohlensäure	CO_2	44,010	—	—
Kohlenoxyd	CO	28,010	3 020	3 020
Methan	CH_4	16,041	9 520	8 550
Wasserstoff	H_2	2,0156	3 050	2 570
Wasserdampf	H_2O	18,0156	—	—
Schwefelwasserstoff	H_2S	34,076	6 140	5 660
Kohlenoxysulfid ...	COS	60,07	5 820	5 820
Schwefelkohlenstoff	CS_2	76,13	11 520	11 520
Schwefeldampf	S_2	64,12	7 630	7 630
Schwefeldioxyd ...	SO_2	64,06	—	—
Stickstoff	N_2	28,016	—	—
Ammoniak	NH_3	17,031	4 120	3 390
Zyanwasserstoff ...	HCN	27,026	7 110	6 870
Zyan	C_2N_2	52,036	—	—

Unter der hier vorausgesetzten Annahme, daß die Gase sich wie „ideale Gase" verhalten, ergibt sich das spezifische Volumen in Nm³/kg zu 22,416/Mol.-Gew. und das Normkubikmetergewicht in kg/Nm³ zu Mol.-Gew./22,416.

Zahlentafel 13. *Enthalpie von Kohlenstoff (Koks) und Kohlenasche (Schlacke).*

Temperatur C	Kohlenstoff (Koks)	Schlacke	Temperatur C	Kohlenstoff (Koks)	Schlacke
350	95,9	74,0	1000	360,8	233,0
400	112,9	85,7	1050	383,9	248,7
450	130,6	97,5	1100	407,4	264,3
500	148,9	109,3	1150	431,0	282,6
550	167,9	121,0	1200	454,7	301,0
600	187,5	132,8	1250	478,5	319,0
650	207,6	144,5	1300	502,3	371,8[1]
700	228,2	156,3	1400	550,0	400,4[1]
750	249,4	168,2	1500	597,5	429,0[1]
800	270,9	180,3	1600	644,5	457,6[1]
850	292,9	192,7	1700	690,6	486,2[1]
900	315,2	205,5	1800	735,5	514,8[1]
950	337,9	218,9			

[1] Im flüssigen Zustand, einschließlich Schmelzwärme.

Nachtrag zu S. 22.

Der Vollkommenheitsbeiwert der Methanbildungsreaktion, x_M, ist wie eine während der Drucklegung erfolgte Nachrechnung neuerer Druckvergasungsversuche[2] gezeigt hat, vom Gehalt des Vergasungsbrennstoffs an flüchtigen Bestandteilen abhängig, wie nachstehende Zahlentafel 14 zeigt.

Zahlentafel 14. *Vollkommenheitsbeiwert der Methanbildungsreaktion.*

Brennstoff	% fl. Best. (wasser- u. aschefrei Substanz)	x_M
Hochtemperaturkoks	1,7	0,115
Magerkohle	11,4	0,281
Schwelkoks	23,4	0,436
Trocken-Braunkohle	56—58	0,570

[2] Vgl. Fußnote 2 S. 23.

Namen- und Sachverzeichnis.

Kurzes Handbuch der Brennstoff- und Feuerungstechnik. Von Dr.-Ing. *Wilhelm Gumz*, VDI. Zweite, verbesserte Auflage. Mit 161 Abbildungen. Etwa 480 Seiten. 1952. (In Vorbereitung)

Die Behandlung und Reindarstellung von Gasen. Ein Hilfsbuch zur Einführung in das Arbeiten mit Gasen für Chemiker, Physiker und Industrielaboratorien. Von Dr. *Alfons Klemenc*, o. Professor an der Technischen Hochschule und Privatdozent an der Universität Wien. Zweite, vermehrte Auflage. Mit 104 Textabbildungen. X, 258 Seiten. 1948. (Springer-Verlag, Wien.) Steif geheftet DM 26.—

Einführung in die theoretische Gasdynamik. Von Dr. *Robert Sauer*, o. Professor für Mathematik und analytische Mechanik an der Technischen Hochschule München. Zweite Auflage. Mit 107 Abbildungen. VIII, 174 Seiten. 1951. DM 16.50

Gasdynamik. Von Dr. *Klaus Oswatitsch*, Dozent an der kgl. Technischen Hochschule in Stockholm, früherer wissenschaftlicher Mitarbeiter am Kaiser-Wilhelm- (Max-Planck-) Institut für Strömungsforschung. Mit etwa 300 Textabbildungen. Etwa 500 Seiten. 1952. (Springer-Verlag, Wien.) (In Vorbereitung)

Wärmeübertragung im Gegenstrom, Gleichstrom und Kreuzstrom. Von Dr.-Ing. *H. Hausen*, o. Professor an der Technischen Hochschule Hannover. (Technische Physik in Einzeldarstellungen. Band VIII.) Mit 230 Textabbildungen. XII, 464 Seiten. 1950. DM 69.—; Ganzleinen DM 73.—

Einführung in den Wärme- und Stoffaustausch. Von Dr.-Ing. habil. *Ernst Eckert*. Mit 125 Abbildungen. VII, 203 Seiten. 1949. DM 21.—; Ganzleinen DM 24.—

Leitfaden der Technischen Wärmelehre nebst Anwendungsbeispielen. Von Dr.-Ing. habil. *Hugo Richter*, Gummersbach. Mit 384 Abbildungen, 1 Diagramm und 104 Zahlentafeln im Text und Anhang. XII, 617 Seiten. 1950. Ganzleinen DM 34.50

Einführung in die Technische Thermodynamik und in die Grundlagen der chemischen Thermodynamik. Von Dr.-Ing. *Ernst Schmidt*, o. Professor und Direktor des Instituts für Wärmetechnik an der Technischen Hochschule Braunschweig. Vierte, überarbeitete und erweiterte Auflage. Mit 244 Abbildungen und 69 Tabellen sowie 3 Dampftafeln als Anlage. XVI, 520 Seiten. 1950. Ganzleinen DM 30.—